普通高等教育信息技术类系列教材·计算机类

区块链技术及其应用

冯柳平　陈澜祯　卢婷婷　编著

科学出版社

北京

内 容 简 介

本书介绍区块链技术及其应用。全书共分 7 章：第 1 章介绍比特币及其底层技术——区块链；第 2 章介绍区块链的基础知识；第 3 章介绍共识机制的基础知识及常用的共识算法，包括 PBFT、PoW、PoS、DPoS 等；第 4 章介绍智能合约的基础架构和关键技术；第 5 章介绍区块链开发平台，重点介绍以太坊；第 6 章介绍 Solidity 编程基础，包括 Solidity 语言的基本语法和控制结构；第 7 章介绍智能合约的几个实例。

本书可作为高等学校计算机科学与技术相关专业的本科教材，也可作为区块链开发人员的参考书。

图书在版编目（CIP）数据

区块链技术及其应用/冯柳平，陈澜祯，卢婷婷编著. —北京：科学出版社，2023.6
ISBN 978-7-03-074148-6

Ⅰ. ①区… Ⅱ. ①冯… ②陈… ③卢… Ⅲ. ①区块链技术
Ⅳ. ①TP311.135.9

中国版本图书馆 CIP 数据核字（2022）第 236816 号

责任编辑：赵丽欣 王会明 / 责任校对：马英菊
责任印制：吕春珉 / 封面设计：东方人华平面设计部

科 学 出 版 社 出版
北京东黄城根北街 16 号
邮政编码：100717
http://www.sciencep.com

北京中科印刷有限公司印刷
科学出版社发行 各地新华书店经销

*

2023 年 6 月第 一 版 开本：787×1092 1/16
2024 年 9 月第三次印刷 印张：12 1/2
字数：293 000

定价：49.00 元
（如有印装质量问题，我社负责调换）
销售部电话 010-62136230 编辑部电话 010-62134021

前　言

比特币（Bitcoin，BTC）的概念最初由中本聪（Satoshi Nakamoto）在 2008 年提出，作为一种全新的去中心化的数字货币，它改变了传统的金融体系。比特币的诞生也催生了一种新型技术——区块链（Blockchain）。区块链技术源于比特币的开源项目，它是比特币底层的技术支撑，旨在解决去中心化的数据安全问题。区块链技术具有去中心化、不可篡改、透明、安全等诸多优势，这使它在金融、物流、医疗、房地产、能源等行业得到了广泛应用。去中心化的特点使区块链数据不易被篡改，保证了数据的真实性和安全性。

以太坊（Ethereum）是一个开源的有智能合约功能的公共区块链平台，诞生于 2015 年。以太坊的创始人是维塔利克·布特林，他将区块链技术应用于有智能合约功能的平台上，为开发者提供了一个更广泛的应用空间。智能合约是一种自动执行合同条款的计算机程序，它可以在区块链上编写、部署和执行，实现了合同的自动化执行。

Solidity 是以太坊的一种智能合约编程语言，受到了 JavaScript、C++和 Python 等语言的影响。Solidity 的设计目的是为了简化和优化智能合约的编写。通过 Solidity 编写的智能合约可以实现各种复杂的业务逻辑，如众筹、投票、金融产品等。Solidity 语言已经成为区块链行业的主流编程语言，很多区块链项目都采用 Solidity 进行智能合约的开发。

本书详细介绍了区块链的基础知识，以及区块链的共识算法、智能合约等关键技术，在此基础上介绍 Solidity 语言的基础知识和在以太坊平台上用 Solidity 语言编写智能合约的开发实例。本书对区块链技术的介绍通俗易懂、深入浅出，具有初级计算机知识的读者都能读懂。读者通过学习既可以掌握区块链技术的基本内容，又能够了解如何使用 Solidity 语言进行编程和开发智能合约。

本书由冯柳平负责制定大纲和统稿，并编写第 3～6 章；陈澜祯负责编写第 1、2 章；卢婷婷负责编写第 7 章，并对全书的程序进行了编写、调试和运行。北京联合大学王育坚教授、北京邮电大学刘辰副教授对本书提出了宝贵意见，在此表示诚挚的感谢。

在本书的编写过程中，参考了国内外有关区块链技术的文献，所参考的主要文献在参考文献中已列出，如有遗漏，请多包涵。在此对所有参阅与引用文献的作者表示诚挚的感谢。本书得到了北京印刷学院校级项目（项目编号：Ed202002）的资助，在此特表感谢。

由于作者水平有限，区块链的相关技术也在不断发展，书中不妥之处，敬请读者不吝指正。

目　　录

第1章
比特币与区块链

　　区块链的思想源于比特币开源项目。比特币的概念最初由中本聪在 2008 年提出，他描述了一种完全基于点对点的电子现金系统。该系统创造了一种全新的货币体系，全部支付都可以由交易双方直接进行，完全摆脱了通过第三方（如商业银行）的传统支付模式。

　　区块链技术的核心优势是去中心化，为解决中心化普遍存在的高成本、低效率和数据存储不安全等问题提供了解决方案。

1.1 比 特 币 系 统

1.1.1 比特币简介

2008 年中本聪发表了《比特币：一种点对点的电子现金系统》（Bitcoin: A Peer-to-Peer Electronic Cash System）一文。在这篇文章中，他描述了一种完全基于点对点的电子现金系统——比特币（图 1-1）。

Bitcoin: A Peer-to-Peer Electronic Cash System

Satoshi Nakamoto
satoshin@gmx.com
www.bitcoin.org

Abstract. A purely peer-to-peer version of electronic cash would allow online payments to be sent directly from one party to another without going through a financial institution. Digital signatures provide part of the solution, but the main benefits are lost if a trusted third party is still required to prevent double-spending. We propose a solution to the double-spending problem using a peer-to-peer network. The network timestamps transactions by hashing them into an ongoing chain of hash-based proof-of-work, forming a record that cannot be changed without redoing the proof-of-work. The longest chain not only serves as proof of the sequence of events witnessed, but proof that it came from the largest pool of CPU power. As long as a majority of CPU power is controlled by nodes that are not cooperating to attack the network, they'll generate the longest chain and outpace attackers. The network itself requires minimal structure. Messages are broadcast on a best effort basis, and nodes can leave and rejoin the network at will, accepting the longest proof-of-work chain as proof of what happened while they were gone.

图 1-1　比特币：一种点对点的电子现金系统

比特币是一种基于去中心化的加密货币，它采用点对点网络，以区块链作为底层技术。2009 年 1 月 4 日，比特币区块链的第一个区块（称为创世区块）诞生，由创始人中本聪持有。一周后，中本聪发送了 10 个比特币给密码学专家哈尔芬尼，形成了比特币史上第一次交易；2010 年 5 月，佛罗里达程序员用 1 万比特币购买了价值为 25 美元的披萨优惠券，从而诞生了比特币的第一个公允汇率。此后，比特币价格快速上涨，2013 年 11 月 29 日，比特币的交易价飙升至 1242 美元，超过同期每盎司 1241.98 美元的黄金价格。

比特币凭借其先发优势，目前已经形成体系完备的涵盖发行、流通和金融衍生品市场的生态圈与产业链，如图 1-2 所示。这也是其长期占据绝大多数数字加密货币市场份额的主要原因。比特币的开源特性吸引了大量开发者持续性地贡献其创新技术、方法和机制；比特币各网络节点（矿工）提供算力以保证比特币的稳定共识和安全性，其算力大多来自设备商销售的专门用于 PoW（proof of work，工作量证明）共识算法的专业设备（矿机）。比特币网络为每个新发现的区块发行一定数量的比特币以奖励矿工，部分矿工可能会相互合作建立收益共享的矿池，以便汇集算力来提高获得比特币的概率。比特币经发行进入流通环节后，持币人可以通过特定的软件平台（如比特币钱包）向商家支付比特币来购买商品或服务，这体现了比特币的货币属性；同时比特币价格的涨跌机制使其完全具备金融衍生品属性，因此出现了比特币交易平台以方便持币人投资。

在流通环节和金融市场中，每一笔比特币交易都会由比特币网络的全体矿工验证并记入区块链。

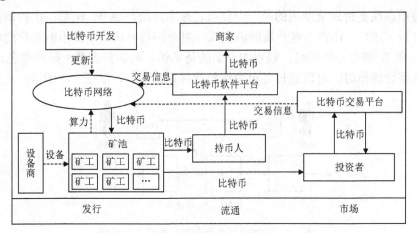

图 1-2　比特币生态圈

比特币是迄今为止最为成功的区块链应用场景。随着比特币快速发展与普及，区块链技术的研究与应用也呈现出爆发式增长态势。比特币和区块链系统一般具备公共的区块链账本、分布式的点对点网络系统、去中心化的共识算法、适度的经济激励机制及可编程的脚本代码五个关键要素。

1.1.2　分布式账本

比特币是基于去中心网络区块链的分布式账本（distributed ledger），它与中心化在线支付系统有很大的不同。下面以 A、B 两人之间的转账为例来对比看一下。

1. 中心化在线支付系统

假设 A 和 B 要通过支付宝转账。他们都在支付宝开设了账户，支付宝账本上分别记录着 A 和 B 账户的钱。现在 A 想转账 100 元给 B，支付宝则要在 A 的账户记录上减掉 100 元，在 B 的账户记录上增加 100 元，形成新的账本。

支付宝中心化在线支付系统需要维护一个中心化的账本。用户在账本上开设账户，通过密码与之交互，如图 1-3 所示。

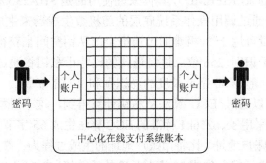

图 1-3　中心化在线支付系统

2. 比特币在线支付系统

比特币在线支付系统使用的是一个分布式账本，用户 A 和 B 都在比特币在线支付系统中开设了账户。比特币客户端随机生成一对公钥与私钥，比特币的账户地址由公钥生成。A 和 B 都有一个钱包，钱包中存储的是私钥，私钥扮演着密码的角色。A 和 B 在相互转账比特币时，可以通过各自的钱包软件直接进行，如图 1-4 所示。

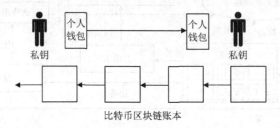

图 1-4　比特币（去中心化）在线支付系统

在去中心化的比特币系统中，不再有一个中心化机构来集中管理账本，账本存放在由众多节点组成的去中心网络中；也不再有一个中心化机构来帮用户管理账户、处理交易，每个人管理自己的钱包，交易由分布式账本来记录。

比特币的一笔交易是指包含在区块链里的比特币钱包之间的价值转移。比特币钱包中保存的私钥用来为交易签名，即提供数学证据证明这些交易来自钱包的拥有者。这个签名也确保交易发生后不会被任何人修改。所有的交易在用户之间广播，通常在接下来的 10～20 分钟内通过挖矿的处理过程被比特币网络所确认。

1.1.3　比特币的账户地址

比特币的账户地址可以理解为拥有比特币资产的用户在网络中对外公开的一种标识。假设用户 A 想要给用户 B 转一笔钱，用户 B 只需要向用户 A 提供他的账户地址即可，而不需要提供任何其他信息。

比特币的账户地址是由椭圆曲线加密（elliptic curve cryptography，ECC）算法的公钥产生的。由公钥生成比特币账户地址时使用的算法是安全哈希算法（secure Hash algorithm，SHA）和 RACE 原始完整性校验信息摘要（the RACE integrity primitives evaluation message digest，RIPEMD），具体来说使用的是 SHA256 和 RIPEMD160 算法。

比特币系统一般通过调用操作系统底层的随机数生成器来生成 256 位随机数作为私钥。比特币私钥的总量可达 2^{256}，极难通过遍历全部私钥空间来获得存有比特币的私钥，因而是安全的。为便于识别，256 位二进制形式的比特币私钥将通过 SHA256 哈希（Hash）算法和 Base58 转换，形成 50 字节长度的易识别和书写的私钥。

比特币的公钥可以通过 ECC 算法从私钥计算得到，这个过程是不可逆转的。比特币的公钥由私钥经过采用 secp256k1 标准的 ECC 算法生成 65 字节长度的随机数，该公钥可用于产生比特币的账户地址。比特币账户地址的生成过程为：首先将公钥进行 SHA256 和 RIPEMD160 双哈希运算并生成 20 字节长度的哈希值［式（1-1）］，再经过 SHA256 哈希算法和 Base58 编码转换形成 33 字节长度的比特币账户地址[式（1-2）]。

假设公钥为 K_p，双哈希运算得到一个 20 字节的哈希值 H：
$$H=\text{RIPEMD160}(\text{SHA256}(K_p)) \tag{1-1}$$

比较常见的比特币账户地址是经过 Base58 编码的。假设比特币账户地址为 Addr，那么账户地址 Addr 由下式得到：
$$\text{Addr}=\text{Base58Check}(H) \tag{1-2}$$

比特币账户地址的生成过程如图 1-5 所示。

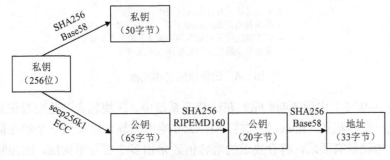

图 1-5　比特币账户地址的生成过程

公钥生成过程是不可逆的，即不能通过公钥反推出私钥。比特币的公钥和私钥通常保存于比特币钱包文件中，其中私钥最为重要。丢失私钥就意味着丢失了对应地址的全部比特币资产。现有的比特币和区块链系统中，根据实际应用需求已经衍生出多私钥加密技术，以适用多重签名等更为灵活和复杂的场景。

1.2　比特币挖矿

比特币挖矿的过程就是通过竞争达成共识而产生新的数据区块的过程。

1.2.1　挖矿的过程

节点 A 与节点 B 之间发生转账交易，节点 A 首先将自己的交易广播到网络中的所有节点，节点在收到交易请求后验证节点 A 的签名，验证通过后将一段时间内接收到的交易组成新的区块，各节点通过 PoW 共识算法竞争算力来获得新区块的记账权，在节点取得记账权后将该区块发布到网络中，其余节点在监听到新区块后检查区块及交易的正确性，若新区块符合要求，则将新区块保存到本地并与之前的区块链接形成区块链。图 1-6 给出了比特币的工作流程。

比特币本质上是由分布式网络系统生成的数字货币，其发行过程不依赖特定的中心化机构，而是依赖于分布式网络节点共同参与的 PoW 共识过程，以完成比特币交易的验证与记录。PoW 共识过程俗称挖矿，每个节点称为矿工。矿工贡献自己的计算资源来竞争解决一个难度可动态调整的数学问题，成功解决该数学问题的矿工将获得区块的记账权，并将当前时间段的所有比特币交易打包记入一个新的区块，按照时间顺序链接到比特币主链上。比特币矿工挖矿的过程就是产生新的数据区块的过程。

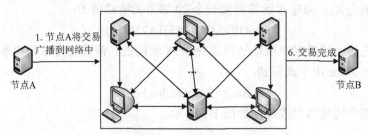

2. 矿工验证交易并放入区块中开始挖矿
3. 率先得到正确nonce值的矿工获得记账权
4. 矿工将区块发布到网络中接受其他节点验证
5. 其他节点验证无误后更新本地区块链

图 1-6　比特币的工作流程

什么是 PoW（工作量证明）呢？在比特币系统中，区块包含一些交易记录，这些交易记录加上一个随机数（nonce），进行 SHA256 哈希运算可以得到一个哈希值。比特币系统对这个哈希值有要求，符合要求的哈希值通常由多个前导零构成，比如哈希值的前 30 位都为 0，这就是难度目标。难度目标越小，区块头哈希值的前导零越多，成功找到合适的 nonce 并"挖"出新区块的难度越大。怎样才能找到这样的 nonce 呢？只能采用穷举的方法，通过大量试错，找到一个合适的 nonce 值使哈希值能满足条件。这个过程就是工作量证明。

据区块链实时监测网站 Blockchain.info 显示，截至 2016 年 2 月，符合要求的区块头哈希值一般有 17 个前导零。

例如，第 398346 号区块的哈希值为"0000000000000000077f754f22f21629a7975cf…"。

按照概率计算，每 16 次随机数搜索将会找到一个含有一个前导零的区块哈希值，因而比特币目前 17 位前导零哈希值要通过 16^{17} 次随机数搜索才能找到一个合适的 nonce 并生成一个新的区块。由此可见，比特币区块链系统的安全性和不可篡改性是由 PoW 共识机制的强大算力来保证的。

在比特币系统中，可通过算法动态调整全网节点的挖矿难度，保证每过大约 10 分钟，就会有一个节点挖矿成功，即生成一个新区块。挖矿成功后，比特币系统会奖励一定数量的比特币给该矿工节点，以激励其他矿工继续贡献算力。

1.2.2　矿场与矿池

矿场是挖矿产业化的产物。简单来说，矿场就是挖矿设备的管理场所。早期的矿场非常简单，只有一些简易的机架供矿机安装，只提供简单的网络和电力等资源。随着挖矿设备的不断增多，这种简单的管理方式使设备容易损坏，而且维修成本很高。因此，通风防尘、温度湿度控制等数据中心管理常见的规范管理措施被应用到矿场中。

在中本聪论文描述的比特币世界中，全网平均每 10 分钟产出一个区块，每个区块包含 50 个比特币，2016 年后每个区块包含 12.5 个比特币，以后每 4 年左右减半一次。一个区块只可能被第一个完成运算的人挖走，直接拥有里面的 50 个比特币，其他人则一无所获。挖到比特币的概率与矿工投入的设备算力大小成正比,随着比特币挖矿参与人数的不断增多,挖到比特币的概率越来越低,类似于中彩票。投入一台矿机挖矿,按照概率,要 5~10 年才能开采到一个区块,这使比特币挖矿陷入尴尬境地。

由于比特币全网的运算水平在不断提高,单个设备或少量的算力都无法在比特币网络上获取比特币网络提供的区块奖励。人们试图开发一种可以将少量算力合并起来,联合进行挖矿运作的方式,使用这种方式建立的网站便被称作矿池。矿池是算力的集合,大家把算力集中到矿池,能挖到区块的概率就会大大增加,然后根据每个人的算力占比来分配收益。

矿池的核心工作就是给矿工分配任务,将区块分成很多难度更小的任务下发给矿工计算。矿工完成一个任务后将结果提交给矿池,矿池统计工作量并分发收益给矿工。与单个挖矿的模式相比,矿工收益的期望值没有变,但收益更加持续稳定。例如,假设难度系数要求哈希值的前 100 位为 0,矿池可能会先给矿工分配一个任务,要求哈希值的前 30 位为 0,再从所有提交的任务中,寻找有没有凑巧前 100 位为 0 的目标值。

不同矿机的算力大小不同,矿池会根据矿机的算力大小分配难度不同的任务。例如,A 矿机的算力为 1T,B 矿机的算力为 10T,那么矿池给 A 矿机分配任务,要求前 10 位为 0,B 矿机的任务可能会是前 20 位为 0。前 20 位为 0 成为符合条件目标值的概率肯定大于前 10 位为 0 的概率。

矿池一直是饱受争议的话题。以比特币矿池为例,全网算力集中在几个矿池中,截至 2019 年 1 月,全球算力排名靠前的比特币矿池有 BTC.com、AntPool、slush pool、Poolin、F2Pool。比特币网络虽然几千个节点同时在线,但只有矿池链接的几个节点拥有投票权,其他节点都只能行使监督权。矿工提供了足够大的算力,但它们并不关心项目的信息和发展。此外,矿池把原来分散的算力集中起来统一管理,会导致算力集中,违背了区块链的去中心化原则。有的矿池算力达到了相当大的比例,甚至排前几位的矿池算力总和可以超过全网的 51%。从理论上说,如果能够达到或超过整个网络 51% 以上的算力,就可以控制区块链的记账权,这会对区块链系统造成极大的安全威胁。

1.3 比特币中的区块链

区块链是一个分布式的账本,包含了比特币网络发生的所有交易。区块链技术主要保证了在 P2P(peer to peer,点对点)网络中大部分节点保存账本的一致性。

1.3.1 区块头结构

在比特币区块链网络中,交易信息会被定期打包,以文件的形式永久保存。这些被打包的文件被称为区块。

区块链中的区块包含区块头和区块体两部分。区块头包含本区块的关键信息,如版本号(version)、时间戳(timestamps)、难度系数(difficulty)、随机数(nonce)、前一个区块哈希值(hashPrevBlock)、Merkle 根哈希值(hashMerkleRoot)等,如图 1-7 所示。区块头设计是整个区块链设计中极为重要的一环,区块头可以唯一标识出一个区块在链中的位置，还可以参与交易合法性的验证，同时，由于区块头体积小（一般不到整个区块的千分之一），它为轻量级客户端的实现提供了依据。

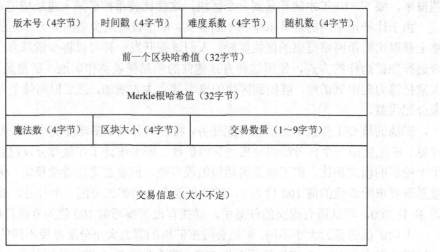

图 1-7　比特币的区块结构

1. 版本号

版本号大小为 4 字节，版本号标记当前区块是在什么系统版本下产生的。当软件更新时，版本号字段将会改变，用于告知不同节点该区块遵循哪种版本规则。

2. 时间戳

时间戳大小为 4 字节。区块链要求获得记账权的节点必须在当前区块头中加盖时间戳，表明当前区块的生成时间，因此，主链上的各区块是按照时间顺序依次排列的。时间戳是否合法的标准为：其取值应大于前 11 个区块的平均出块时间，同时小于网络调整时间向后推迟两个小时的时间。在 P2P 网络中，一个节点会与几个节点相互通信，网络调整时间的取值为相连节点的平均时间。网络调整时间不会超过本地系统时间 70 分钟以上。

时间戳在区块链技术中的应用是具有重要意义的创新。时间戳可以作为区块数据的存在性证明（proof of existence），有助于形成不可篡改和不可伪造的区块链数据。这为区块链应用于公证、知识产权注册等时间敏感的领域奠定了基础。更为重要的是，时间戳为未来基于区块链的互联网和大数据增加了时间维度，使通过区块数据和时间戳来重现历史成为可能。

3. 难度系数

难度系数大小为 4 字节。难度系数是衡量矿工给出的解决方案是否正确的标准。具体来说，只有小于难度目标的方案才是有效的。这样设置是为了保证整个比特币网络平均每 10 分钟产生一个区块。每经过 2016 个区块，该数据项会进行一次调整，保证平均出块时间既不会太长也不会太短。

4. 随机数

随机数大小为 4 字节，是当前区块 PoW 共识算法的参数。默认情况下，nonce 是从 0 开始的。矿工节点每进行一次区块的哈希运算，nonce 就会增加，因此每个节点计算出满足要求的哈希值的试错次数大概率是不同的。

5. 前一个区块哈希值

前一个区块哈希值大小为 32 字节，是当前区块的前一个区块的区块头的哈希值。

6. Merkle 根哈希值

Merkle 根哈希值指的是当前区块中所有交易以 Merkle 树方式记录时的树根哈希值。当每一笔交易进入区块并被打包时，该字段需要重新计算并更新。Merkle 树是区块链中的重要数据结构，其作用是快速归纳和校验区块数据的存在性和完整性。

即使两个矿工节点将要打包的交易完全相同，它们分别计算出的 Merkle 根哈希值也会有所不同。默认情况下，区块链中包含的第一笔交易是没有输入的，系统将一笔凭空出现的奖励发放给产生区块的矿工，这部分收益保障了比特币网络中大量矿工的积极参与。由于每个矿工的比特币地址是不同的，因此每个节点计算的区块中第一笔交易的信息也就不尽相同，通过这些交易信息逐层计算得出的 Merkle 根哈希值显然也是不同的。

1.3.2　区块体结构

区块体中记录的是最近一段时间比特币区块链网络中的合法交易，包含一个区块的完整交易信息，以 Merkle 树的形式组织在一起。

1. 魔法数

魔法数（MagicNo）为 4 字节不变常量，是比特币客户端解析区块数据时的识别码。比特币 Main 网络的魔法数是 0xD9B4BEF9，testNet 网络的识别码是 0xDAB5BFFA。不同币种的魔法数一般不同，比如莱特币（Litecoin）Main 网络的魔法数是 0xDCB7C1FC。

2. 区块大小

区块大小（Blocksize）为 4 字节，表示区块的字节长度。

3. 交易数量

交易数量（TransitionCount）大小为 1～9 字节，表示当前区块包含的打包交易数，也就是上一个区块创建之后，到本区块创建完成所产生的比特币的交易数量。

4. 交易信息

交易信息（Transitions）是比特币交易过程中记录在区块链上的详细信息，大小不确定，记录在区块内的交易列表中，记载了比特币的交易记录和相关细节。交易信息以一条一条记录的方式记载，采用的数据结构是 Merkle 树。

1.3.3 区块链结构

区块链的结构类似一条链表，链表中的节点对应区块链中的区块，指针对应区块哈希值。常见的区块链结构与成员信息如图 1-8 所示。

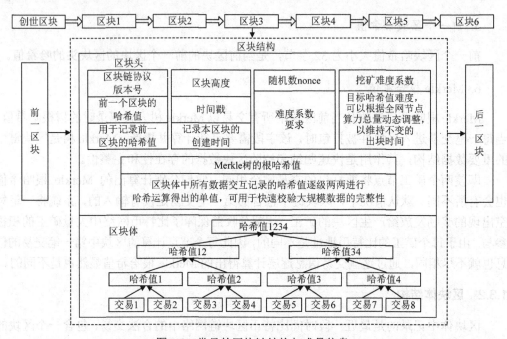

图 1-8　常见的区块链结构与成员信息

在区块链中，区块之间拥有紧密的联系，除了创世区块，所有区块均通过包含前一个区块哈希值的方法构成一条区块链。同时，由于包含了时间戳，区块链还带有时序性。交易数据的篡改会导致该区块哈希值的改变，这将会导致其后续的一系列区块出现错误。时间越久，该区块后面所链接的区块越多，篡改该区块所花费的代价也就越高。想一并修改后续的所有区块基本是不可能的，因为一个或几个节点的计算能力是无法与整个比特币网络相比的。据估计，截至 2016 年 1 月，比特币区块链的算力已经超过全球 Top500 超级计算机的算力总和。篡改的区块链无法超越拥有更多算力支持的主链，也就无法使其余节点接受篡改的部分。

1. 创世区块

每个区块链都有一个特殊的头区块，不管从哪个区块开始追溯，最终都会到达这个头区块，即创世区块。比特币的创世区块在北京时间 2009 年 1 月 4 日 02:15:05 被中本聪生成，标志着数字货币的崛起和比特币的诞生。中本聪在比特币创世区块中留下了一句话 "The Times 03/Jan/2009 Chancellor on brink of second bailout for bank"，是当天的头版文章标题。这句话既是对该区块产生时间的说明，也是对旧有银行系统面对金融危机脆弱表现的嘲讽。

2. 区块链分叉

区块链在增加新区块的时候，有很小的概率发生"分叉"现象，即同一时间挖出 2 个符合要求的区块。

对于"分叉"的解决方法是延长时间，等待下一个区块生成，选择将最长的支链添加到主链。值得注意的是，"分叉"发生的概率非常小，多次分叉的概率几乎可以忽略不计，因此"分叉"只是短暂的状态，最终的区块链必然会形成唯一确定的最长链。

1.3.4　区块的产生

在比特币网络中，有转账需求的节点会将验证正确的交易信息发布到 P2P 网络中，其他节点将会利用保存在本地的区块历史验证这些信息是否合法，合法的交易将会加入区块链中。

如前所述，区块链的节点在区块头中有一个随机数和前一个区块哈希值。在挖矿的过程中，矿工节点采用 PoW 共识机制，通过不断调整随机数，计算本区块哈希值，直到其哈希值满足难度要求。随后，节点将会向全网广播该区块。其他节点在收到该区块后，将会验证区块中包含交易的正确性，以及区块的哈希值是否小于挖矿难度。如果验证通过，这些节点就会将该区块加入本地的区块链中，并继续进行挖矿。

总而言之，比特币网络区块的产生过程就是所有矿工在本地不断进行哈希运算，竞争谁可以最快计算出符合要求的哈希值的过程。显然拥有更加强大的计算能力，单位时间内可以进行更多次试错的矿工节点获得出块权的概率更大。

1.4　比特币交易

1.4.1　交易结构

比特币的交易结构（图 1-9）包含一系列字段。交易结构的两个主要字段是交易的输入与输出。输入标识交易的发送方，输出标识交易的接收方及对发送方的找零，交易的手续费则是输入的总和与输出的总和之差。交易的输入和输出与账户或者用户的身份没有关联，它们是一笔比特币资金，被一个特定的密钥锁定，只有密钥持有者才能进行解锁。输入附带的脚本包含用户的私钥签名，输出附带的脚本使用对方的公钥锁定。

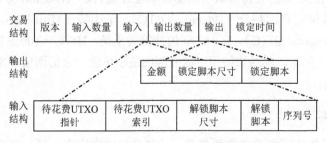

图 1-9　比特币的交易结构

1. 版本

版本信息大小为 4 字节，用来明确这笔交易参照的规则。

2. 输入与输出

交易的输入与输出为变长字节，表示一个或多个交易的输入与输出地址。输入可以理解为被封存在区块链账本历史中的一部分比特币资产。输出意味着需要将这笔资产转到某人的名下，即转到某个比特币账户地址。输入与输出的数量是不固定的，都可以为多个，即 1~9 字节。

3. 锁定脚本

锁定脚本是一种可以在比特币网络节点中运行的简易程序。它本质上是为想要花费特定未花费的交易输出（unspent transaction output，UTXO）中的资产的用户设置了一道题目，没有权利处理这笔资产的用户想要解答起来会非常困难，但是有权处理这笔资产的用户解答起来却非常简单。是否有权处理这笔资产取决于是否拥有锁定脚本中比特币账户地址对应的私钥。

4. 解锁脚本

交易的输入中包含一个脚本，称为解锁脚本。解锁脚本用来解答上述交易输出中设置的难题。其本质是一种签名，用于证明锁定脚本对应的 UTXO 中比特币资产的所有权归属。

5. 锁定时间

锁定时间是一笔交易可以被加入区块链的最早时间。对于大多数交易，此值设置为 0，即立即执行。如果锁定时间非 0，并且小于 $5×10^8$，它被解释为区块高度，意思是交易不要被包含在指定高度以下的区块中。如果大于 $5×10^8$，它是一个 UNIX 时间戳，即从 1970 年 1 月 1 日以来的秒数，意思是交易不要在这个时间前被加入区块链中。锁定时间的功能类似于支票的延期支付。

6. UTXO

UTXO 是比特币网络中面值单位为"聪"的价值单元。在比特币刚刚诞生时，中本聪就非常有先见之明地把比特币最小的衡量单位设置为聪（Satoshi，SAT）。除了聪外，比特币的衡量单位还有比特分（Bitcent，cBTC）、毫比特（Milli-Bitcoins，mBTC）、微比特（Micro-Bitcoins，μBTC）。它们之间的换算关系是：1BTC = 100cBTC = 1000mBTC = 100 万 μBTC = 1 亿聪。聪是比特币可以分割的最小单位，它的面值非常小，甚至不足以支付一笔手续费。

1.4.2 交易的本质

比特币交易的验证主要依靠两部分：一部分是锁定脚本，另一部分是解锁脚本。锁定脚本用于封存 UTXO 中的比特币资产,保证只有提供正确的解锁脚本的用户才拥有处理资产的权利。相应的解锁脚本就是满足锁定脚本设定的花费条件的脚本。

锁定脚本和解锁脚本的结构如图 1-10 所示。

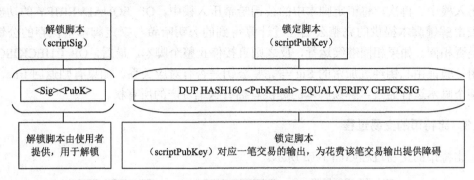

图 1-10　锁定脚本和解锁脚本的结构

解锁脚本主要由 Sig 和 PubKey 两部分组成。PubKey 表示完整的公钥信息,用于验证是否与保存在锁定脚本中的公钥哈希相匹配。Sig 是由用户私钥经过椭圆曲线数字签名算法(elliptic curve digital signature algorithm,ECDSA)计算得到的,在不暴露私钥的条件下验证解锁用户是否拥有生成 PubKey 的私钥。

锁定脚本主要由一些操作命令和公钥哈希组成。操作命令用于告知比特币客户端如何操作位于栈中的数据。公钥哈希为该锁定脚本希望支付账户的公钥哈希。解锁脚本与锁定脚本拼接后就形成了验证交易是否合法的完整程序。

比特币的交易脚本分为很多种,其中最为常见的是针对公钥哈希的支付脚本,其具体运行过程如图 1-11 所示。

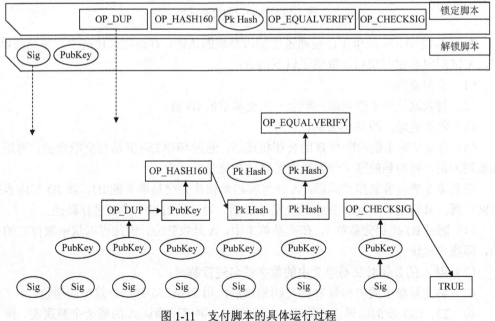

图 1-11　支付脚本的具体运行过程

首先，Sig 和 PubKey 作为数据不做处理，被按照顺序压入栈中。其次，压入栈中的是 OP_DUP 操作符，它的作用是将栈中下一层数据复制一份，替换掉自身的内容。OP_HASH160 操作符的作用是对下一层的完整公钥进行哈希运算，并将运算结果公钥哈希压入栈中。再次，将锁定脚本中的公钥哈希压入栈中。OP_EQUALVERIFY 的功能是检查由解锁脚本提供的完整公钥经过计算得到的公钥哈希与锁定脚本中保存的公钥哈希是否相同。如果相同继续运行，反之则直接停止整个脚本。最后，OP_CHECKISG 的作用是验证由私钥经过加密的 Sig 与完整公钥是否有对应关系。如果有则返回 true，证明整个脚本运行通过，解锁脚本的提供者拥有这笔资产的所有权。

1.4.3　比特币的交易过程

比特币的交易过程如图 1-12 所示。

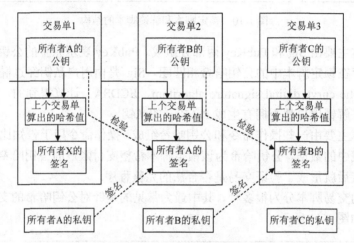

图 1-12　比特币的交易过程

在图 1-12 中，交易单 1 已经通过比特币系统的认证，存储在区块链中。在交易单 2 中，A 试图向 B 进行交付，提供了以下信息：

（1）支付金额；

（2）付款地址的资金来源，即上一次交易单的 ID 值；

（3）收款地址，即 B 的公钥；

（4）将交易单 1 的内容与 B 的公钥相连后，通过 SHA256 算法得到哈希值，再用 A 的私钥加密，将得到的密文作为数字签名放在交易单 2 中。

交易单 2 的内容制作完成后，A 计算其哈希值作为交易单 2 的 ID，将 ID 和内容向全网广播。其他用户收到 A 发来的交易单 2 后，可以通过以下步骤进行验证：

（1）通过 ID 找到交易单 1，在交易单 1 中，A 是收款方，因此可以从中取得它的公钥，即账户地址；

（2）用 A 的公钥对交易单 2 中的数字签名进行解密；

（3）将交易单 1 的内容与 B 的公钥相连后，用 SHA256 算法计算出哈希值。

将（2）、（3）步的结果进行比较，如果相同，则可以确认 A 的资金来源属实，因为交易单 1 已经由比特币系统全网认证过；交易单 2 的确是 A 发起的，因为没有 A 的私钥，就无法生成交易单 2 的数字签名。

1.5　区块链的发展

区块链技术对世界政治和经济产生了深远的影响。根据区块链的发展，美国奇点大学量化指导和区块链专家梅兰妮·斯万（Melanie Swan）将区块链发展阶段划分为区块链 1.0、区块链 2.0 和区块链 3.0 三个时代。随着技术不断升级和引入更多高级功能，目前区块链技术已经发展到了区块链 4.0 时代。

1.5.1　区块链 1.0

2008 年至 2013 年是区块链 1.0 时代，以比特币为代表的数字货币应用成为当时的主要焦点。这个时期区块链技术与数字虚拟货币密切相关，主要的应用集中在货币转移、数字化支付、加密货币等方面。比特币是最成功的虚拟货币，它是一种 P2P 形式的数字货币，点对点的传输意味着去中心化的支付系统，而区块链技术就是一个去中心化的货币支付方案，所以以区块链技术也称为分布式账本。

与传统的货币体系相比，基于区块链的数字货币体系具有以下一些特点：第一，区块链 1.0 时代的比特币主要的创新是创建了一套去中心化的、大家共同维护的数字货币体系，这使成本大大降低，同时没有人可以控制这个分布式账本，数据的公开使做假账几乎不可能；第二，区块链以数学算法为背书，其规则建立在一个公开透明的数学算法之上，能够让不同政治文化背景的人群获得共识，实现跨区域互信；第三，区块链系统具有很好的健壮性，整个网络没有中心化的硬件或管理机构，任意节点之间的权利和义务都是均等的，且任一节点的损坏或失去都不影响整个系统的运作。

1.5.2　区块链 2.0

关于区块链的发展路径，2010 年中本聪曾在公开邮件中提到："我很多年前就已经在思考，是否可以让比特币支持多种交易类型，包括托管交易、债权合同、第三方仲裁、多重签名等。如果比特币未来能够大规模发展，那么这些交易种类都将是我们未来想要探索的，在一开始设计时就应该考虑到这些交易，这样将来才有可能实现。"中本聪有三个核心构想：去中心化的公开交易账本、点对点的直接价值转移体系、强大的脚本系统以运行任何协议或者货币等。比特币实现了前两项，第三项技术的实现则体现在以太坊（Ethereum）上。

2013 年，区块链技术进入了 2.0 时代，以以太坊为代表的应用为区块链增加了智能合约功能。可以说，以太坊是区块链 2.0 时代的代表，这个阶段的发展与智能合约技术密切相关。以太坊是一个开源的区块链底层系统。和比特币一样，以太坊是一个去中心化的系统，由全球范围内的所有参与者共同维护。以太坊可以为用户提供非常丰富的应用程序编程接口（application programming interface，API），让用户能快速开发出各种区块链应用。智能合约是以太坊显著的特点，也是以太坊最受关注的区块链应用。智能合约这个概念，最早由美国密码学家尼克·萨博（Nick Szabo）于 1994 年提出。智能合约可以理解为以数字形式定义的一系列承诺，一旦智能合约被设立，在区块链系统上无须第三方的参与便可以自动执行。尽管这个智能合约的理论提出的时间不算短，但直到以太坊出现智能合约才被广泛应用，以太坊为智能合约提供了一个可编程的基础系统，构建了一个通用的、提供图灵完备的脚本语言的底层协议。

区块链在 2.0 时代得到了快速的发展，从原来的数字货币系统延伸到股权、债权和产权的登记和转让、证券和金融合同的交易和执行及其他金融领域，甚至博彩、防伪等领域。

1.5.3　区块链 3.0

区块链 3.0 时代是以 EOS（enterprise operation system，企业操作系统）为代表的。EOS 是一款商用分布式应用设计的区块链操作系统，它开启了区块链真正进入商业应用、实体应用的消费级别的时代。区块链的应用演变从 DAPP（decentralized application，去中心化应用）到 DAC（decentralized autonomous corporation，去中心化自治公司）及 DAO（decentralized autonomous organization，去中心化自治组织），再到 DAS（decentralized autonomous society，去中心化自治社会），区块链技术被应用于社会治理领域，迈入了区块链 3.0 时代。

例如，一个构建在区块链上的智能化政务系统可以存储公民身份信息、管理国民收入、分配社会资源、解决争端等。在这个系统中，诸如注册企业、结婚登记、健康档案管理等与公民相关的信息得以妥善保存和处理。孩子出生时，医院可以将孩子的相关信息上传至基于区块链的电子身份系统，并分配给孩子一个 ID。这个 ID 得到政府相关部门的确认后，其电子身份信息将伴随孩子的一生。此后这个孩子的学籍、财产、信用等信息都将与 ID 挂钩，存储在区块链上。当他离世时，其遗嘱合约将被触发，相关财产被分配给他的继承人，区块链系统上有关他的信息链将不再新增信息。

1.5.4　区块链 4.0

区块链 4.0 是继区块链 3.0 之后的新一代区块链技术。它旨在使区块链最终在商业环境中用于创建和运行应用程序，从而使该技术完全成为主流。

现有的区块链架构已无法满足多样化企业数字化进程的需求，其间存在极大的供需矛盾。例如，以比特币为代表的可编程货币，仅仅适用于货币支付与流通等；以以太坊为代表的可编程金融，尽管有智能合约支持 DAPP 的开发，但到目前为止，还未取得显著成果；以 EOS 为代表的可编程社会项目中，众多企业却面临着区块链人才严重短缺、严重缺乏技术开发能力等问题。同时，多个联盟链之间无法实现跨行业、跨链的数据共享与互联互通。这些问题成为区块链与传统行业进一步融合、实现数字经济时代价值流转的阻力。因此，区块链 4.0 时代，应该存在这样一种操作系统，遵循共享、共建、共赢的理念，给全世界各行各业的开发者提供底层、开源、生态服务系统。

例如，DESE（decentralized enterprise service ecosystem，去中心化的企业服务生态系统）是数字经济时代领先的区块链底层技术基础平台，它突破了以往区块链的局限性，更加智能化、专业化、国际化，具有高度的灵活性和可扩展性，可广泛应用于任何行业和场景，帮助企业快速构建区块链基础设施。

1.6 区块链的优势和劣势

1.6.1 区块链的优势

区块链是一种多方共同维护的分布式数据库，与传统数据库系统相比，其具有去中心化、不可篡改、可追溯、高可信、高可用等优势。

1. 去中心化

传统数据库集中部署在同一集群内，由单一机构管理和维护。区块链是去中心化的，不存在任何中心节点，由多方参与者共同管理和维护，每个参与者都可提供节点并存储链上的数据，从而实现了完全分布式的多方之间信息共享。

2. 不可篡改

区块链依靠区块间的哈希指针和区块内的 Merkle 树实现了链上数据的不可篡改；而数据在每个节点的全量存储及运行于节点间的共识机制使单一节点数据的非法篡改无法影响到全网的其他节点。

3. 可追溯

区块链上存储着自系统运行以来的所有交易数据，基于这些不可篡改的日志类型数据，可方便地还原、追溯出所有历史操作，从而方便了监管机构的审计和监督工作。

4. 高可信

区块链是一个高可信的数据库，参与者无须相互信任、无须可信中介即可点对点地直接完成交易。区块链的每笔交易操作都需发送者进行签名，只有在全网达成共识之后，才能被记录到区块链上。交易一旦写入，任何人都不可篡改、不可否认。

5. 高可用

传统分布式数据库采用主备模式来保障系统高可用，主数据库运行在高配服务器上，备份数据库从主数据库不断同步数据；如果主数据库出现问题，备份数据库就及时切换作为主数据库。这种架构方案配置复杂、维护烦琐且造价昂贵。在区块链系统中，没有主备节点之分，任何节点都是一个异地多活节点。少部分节点故障不会影响整个系统的正确运行，且故障修复后能自动与全网节点同步数据。

1.6.2 区块链的劣势

与传统数据库相比，区块链尚处于技术发展的初期阶段，还有很多不足需要克服。

1. 吞吐量

比特币和以太坊的吞吐量分别约为 7TPS 和 25TPS，超级账本（hyperledger）Fabric 的吞吐量小于 2000TPS，远低于现有的数据库。传统数据库的每笔交易是被单独执行处理的，但区块链系统则以区块为单位攒够多笔交易再一批处理，这就延长了交易时间。无论是基于 PoW 的公有链，还是基于 PBFT（practical Byzantine fault tolerance，实用拜占庭容错）的联盟链，其实质都是以牺牲性能来换取区块链系统的安全性，每笔交易的签名与验证、每个区块的哈希运算及复杂的共识过程等都涉及大量的系统开销。

2. 事务处理

目前的区块链平台主要依赖底层数据库来进行事务处理，而底层数据库大多是没有事务处理能力的 Key-Value 数据库。比特币、以太坊和超级账本 Fabric 都采用 Level DB 存储区块链索引或状态数据，但 Level DB 并不支持严格的事务。单个节点上的智能合约执行失败会导致数据库数据不一致，必须从其他节点同步数据才能使本机数据恢复到一致状态。

3. 并发处理

传统数据库可高并发地为成百上千的客户端提供服务。区块链的节点大多以对等节点的身份参与 P2P 网络中的交易处理，并没有针对高并发服务做优化设计，因而无法支持高并发的客户端访问。

4. 查询统计

传统数据库提供了丰富的查询语句和统计函数，而区块链通常存储在 Key-Value 数据库或文件系统中。在非 Key 查询和历史数据查询方面区块链表现得相对不便，更不用说复杂的复合查询和统计了。因此，区块链系统应实现插件化的数据访问机制，以支持包括关系数据库在内的多种数据库。

5. 访问控制

传统数据库具有成熟的访问控制机制。目前大多数区块链平台的数据都是公开透明地全量存储在每个节点上，仅依靠交易的签名与验证来确定资产的所有权和保证交易的不可伪造，除此之外，基本没有再提供其他的安全机制。有别于传统数据库中心化的访问控制，如何针对区块链设计去中心化的访问控制也是亟待解决的问题。

6. 可扩展性

传统数据库通过横向扩展增加节点数，以线性提高系统吞吐量、并发访问量和存储容量。目前大多数区块链平台随着节点数的增加，其系统整体性能反而在下降，部分区块链平台提出的扩展性方案还需要时间验证。

1.6.3 区块链面临的问题

当应用于实际业务时，目前的区块链平台在诸多方面尚存在问题，为了解决这些问题，未来的区块链还需进一步研究和完善。

1. 共识机制

共识机制目前已经成为区块链系统性能的关键瓶颈。在基于证明机制的共识算法中，经过多年实践安全验证的 PoW 机制存在着消耗大量计算资源和性能低下的问题。而在基于投票机制的共识算法中，有着完善理论证明的 PBFT 算法面临着广播引发的网络开销过大的问题。因此，如何提高系统吞吐率成为共识机制最迫切需要解决的问题。值得关注的解决方案包括在少部分可信节点中选取主节点的共识算法、保证高概率正确性的异步共识算法、基于特定安全性前提并减少网络广播的共识算法、基于可信硬件的共识算法以及同时融合 PoW 与 PBFT 优势的共识算法。

2. 隐私保护

因为能够隐藏交易内容，零知识证明和同态加密是最受关注的隐私保护解决方案。零知识证明目前更多被应用于数字货币领域。同态加密算法可抵抗量子计算的攻击，但其运算效率低，离实际应用尚有一段距离。因此，针对零知识证明、同态加密等隐私保护方案，如何扩大应用领域、提高运算效率、加快应用落地，将会是今后最迫切的研究工作。

3. 部分存储

比特币平台的每个网络节点都全量地存储着所有历史交易数据，这虽然保证了数据的公开性、透明性及系统的高可用性，但也带来了数据隐私问题；另外，每个交易都需同步到全网所有节点，也会带来性能问题。所以，很多平台采用了只存储部分交易数据的解决方案。Corda 主要应用于对数据隐私要求较高的金融领域，所以从一开始就反对区块链中每个节点存储全部数据，而使数据仅对交易双方及监管方可见。超级账本 Fabric 的多通道技术从性能和隐私两个角度考虑，使每个通道仅存储与通道节点有关的交易。以太坊 2.0 的分片（sharding）技术将全网交易数据按片数等分，使得每个分片存储的交易数据尽可能均衡。随着交易量和数据量的剧增，区块链节点由全量存储到部分存储将会成为未来的一个趋势。

4. 链外交易

为了提高交易处理能力，比特币社区提出了增大区块、隔离见证、闪电网络和雷电网络等扩容方案。当前比特币区块尺寸上限为 1MB，比特币社区提出增大区块尺寸上限至 2MB 以容纳 2 倍的交易量。比特币交易的输入脚本包含发送者的签名数据以证明其拥有该笔比特币，但签名数据仅用于矿工挖矿时做交易验证，没有其他额外的用途。隔离见证是将交易中的签名数据移出以减少交易尺寸，使区块容纳更多交易。增大区块和隔离见证只是增加了区块容量，无法从根本上改善性能，但闪电网络可实现每秒百万级的交易量。闪电网络是一种提供比特币链外双向快速支付的通道，其提供了高频、小额、立即确认的支付方式，并且具有更好的隐私性和更低的手续费。雷电网络是根据闪电网络提出的以太坊链外快速支付通道。闪电网络和雷电网络把小额交易放在链外，既实现了高速交易，也减轻了主链压力，主链只处理最终的交易及作为争议仲裁的最后手段。闪电网络和雷电网络是目前提高交易处理能力非常有效的方案，未来会有一定的发展空间。

第 2 章
区块链的基础知识

　　区块链技术是以比特币为代表的数字加密货币体系的核心支撑技术，其核心优势是去中心化。通过运用数据加密、时间戳、分布式共识和经济激励等手段，区块链技术可在节点间无须互相信任的分布式系统中实现基于去中心化信用的点对点交易、协调与协作。这为解决中心化机构普遍存在的高成本、低效率和数据存储不安全等问题提供了方案。

　　区块链的其他应用大多与比特币类似，仅在某些特定的环节或多或少地采用比特币模式的变种。广义的区块链技术则是利用加密链式区块结构来验证与存储数据，采用分布式节点共识算法来生成和更新数据，利用自动化脚本代码（智能合约）来编程和操作数据的一种全新的去中心化基础架构与分布式计算范式。

　　区块链技术是具有普适性的底层技术框架，可以为金融、经济、科技甚至政治等各领域带来深刻变革。

2.1　区块链的体系架构

区块链的其他应用大多与比特币类似，仅在某些特定的环节或多或少地采用比特币模式的变种。区块链的体系架构目前在学术上尚没有明确的定义。

从最早应用区块链技术的比特币到最先在区块链引入智能合约的以太坊，再到应用最广的联盟链超级账本 Fabric，它们尽管在具体实现上各有不同，但在整体体系架构上存在着诸多共性。如图 2-1 所示，区块链平台整体上可划分为网络层、共识层、数据层、智能合约层和应用层五个层次。

		比特币	以太坊	超级账本Fabric
应用层		比特币交易	DAPP/以太币交易	企业级区块链应用
智能合约层	编程语言	Script	Solidity/Serpent	Go/Java
	沙盒环境		EVM	Docker
数据层	数据结构	Merkle树/区块链表	Merkle Patricia树/区块链表	Merkle Bucket树/区块链表
	数据模型	基于交易的模型	基于账户的模型	基于账户的模型
	区块存储	文件存储	LevelDB	文件存储
共识层		PoW	PoW/PoS	PBFT/SBFT
网络层		TCP-based P2P	TCP-based P2P	HTTP/2-based P2P

图 2-1　区块链体系架构

1. 网络层

2001 年，将 P2P 技术与数据库系统进行联合研究的想法被提出。早期的 P2P 数据库没有预定的全局模式，不能适应网络变化而查询到完整的结果集，因而不适合企业级应用。基于 P2P 的区块链则可以实现数字资产交易类的金融应用，区块链网络中没有中心节点，任意两个节点之间可直接进行交易，任何时刻每个节点也可自由加入或退出网络，因此，区块链平台通常选择完全分布式且可容忍单点故障的 P2P 协议作为网络传输协议。区块链网络节点具有平等、自治、分布等特性，所有节点以扁平拓扑结构相互连通，不存在任何中心化的权威节点和层级结构，每个节点均拥有路由发现、广播交易、广播区块、发现新节点等功能。

区块链网络的 P2P 协议主要用于节点间传输交易数据和区块数据，比特币和以太坊的 P2P 协议基于传输控制协议（transmission control protocol，TCP）实现，超级账本 Fabric 的 P2P 协议则基于超文本传输协议第 2 版（hyper text transfer protocol/2，HTTP/2）实现。在区块链网络中，节点时刻监听网络中广播的数据，当接收到邻居节点发来的新交易和新区块时，其首先会验证这些交易和区块是否有效，包括交易中的数字签名、区块中的工作量证明等，只有验证通过的交易和区块才会被处理（新交易被加入正在构建的区块，新区块被链接到区块链）和转发，以防止无效数据的继续传播。

2. 共识层

分布式数据库主要使用 Paxos 和 Raft 算法解决分布式一致性问题。这些数据库由单一机构管理维护，所有节点都是可信的，算法只需支持崩溃容错（crash fault tolerance，CFT）。去中心化的区块链由多方共同管理维护，其网络节点可由任何一方提供，部分节点可能并不可信，因而需要支持更为复杂的拜占庭容错（Byzantine fault tolerant，BFT）。假设在总共 n 个节点的网络中至多包含 f 个不可信节点，对于同步通信且可靠的网络而言，拜占庭将军问题（Byzantine failures）能够在 $n \geqslant 3f+1$ 的条件下被解决。如果是异步通信，Fischer、Lynch 和 Paterson 证明确定性的共识机制无法容忍任何节点失效。米格尔·卡斯特罗（Miguel Castro）和芭芭拉·利斯科夫（Barbara Liskov）提出了 PBFT，将拜占庭协议的复杂度从指数级降低到多项式级别，使拜占庭协议在分布式系统中应用成为可能。为了提升 PBFT 的性能，Kotla 等提出了 Zyzzyva，认为网络节点在绝大部分时间处于正常状态，无须在每个请求都达成一致后再执行，而只需在发生错误之后再达成一致。Kwon 提出了 Tendermint，在按节点计票的基础上，对每张投票分配了不同的权重，重要节点的投票可分配较高的权重，若投票权重超过 2/3 即认为可达成共识。仅通过少数重要节点达成共识会显著减少网络中广播的消息数；在基于数字货币的应用中，权重也可对应为用户的持币量，从而实现类似权益证明（proof of stake，PoS）的共识机制。Liu 等提出了交叉容错（cross fault tolerant，CFT），并认为恶意者很难同时控制整个网络和拜占庭节点，从而简化了 BFT 消息模式，可在 $n \geqslant 2f+1$ 条件下解决拜占庭将军问题；此外，业界还提出了 Scalable BFT、Parallel BFT、Optimistic BFT 等 BFT 改进算法。Ripple 支付网络提出了基于一组可信认证节点的瑞波协议共识算法（Ripple protocol consensus algorithm，RPCA），能够在 $n \geqslant 5f+1$ 条件下解决拜占庭将军问题。

为了解决节点自由进出可能带来的女巫攻击（Sybil attack）问题，比特币应用了工作量证明（PoW）机制。PoW 源自美国计算机科学家、哈佛大学教授辛西娅·德沃克（Cynthia Dwork）等防范垃圾邮件的研究工作，即只有完成了一定计算工作量并提供证明的邮件才会被接收。英国密码学家亚当·巴克（Adam Back）提出了哈希现金（Hashcash），其是一种基于哈希函数的 PoW 算法。比特币要求只有完成一定计算工作量并提供证明的节点才可以生成区块，每个网络节点利用自身计算资源进行哈希运算以竞争区块记账权，只要全网可信节点所控制的计算资源高于 51%，即可证明整个网络是安全的。为了避免高度依赖节点算力所带来的电能消耗，研究者提出一些不依赖算力而能够达成共识的机制。点点币（Peercoin）应用了区块生成难度与节点所占股权成反比的 PoS 机制；比特股（Bitshare）应用了获股东投票数最多的几位代表按既定时间段轮流产生区块的股份授权证明（delegated proof of stake，DPoS）机制。超级账本 Sawtooth 应用了基于 Intel SGX（Intel software guard extensions，Intel 软件保护扩展）可信硬件的消逝时间证明（proof of elapsed time，PoET）机制。基于证明机制的共识通常适用于节点自由进出的公有链，比特币与以太坊使用 PoW 机制；基于投票机制的共识则通常适用于节点授权加入的联盟链，超级账本 Fabric 使用 PBFT 算法。

3. 数据层

比特币、以太坊和超级账本 Fabric 在区块链数据结构、数据模型和数据存储方面各有特色。在数据结构的设计上，现有区块链平台借鉴了 Haber 与 Stornetta 的研究工作，他们设计了基于文档时间戳的数字公证服务以证明各类电子文档的创建时间。时间戳服务器对新建文档、当前时间及指向之前文档签名的哈希指针进行签名，后续文档又对当前文档签名进行签名，如此形成了一个基于时间戳的证书链，该链反映了文件创建的先后顺序，且链中的时间戳无法篡改。Haber 与 Stornetta 还提出将多个文档组成块并针对块进行签名、用 Merkle 树组织块内文档等方案。区块链中每个区块包含区块头和区块体两部分，区块体存放批量交易数据，区块头存放 Merkle 根、前块哈希、时间戳等数据。基于块内交易数据哈希生成的 Merkle 根实现了块内交易数据的不可篡改性与简单支付验证（simplified payment verification，SPV）；基于前一区块内容生成的前块哈希将孤立的区块链接在一起，形成了区块链；时间戳表明了该区块的生成时间。比特币的区块头还包含难度目标、nonce 等数据，以支持 PoW 共识机制中的挖矿运算。

在数据模型的设计上，比特币采用了基于交易的数据模型，每笔交易由表明交易来源的输入和表明交易去向的输出组成，所有交易通过输入与输出链接在一起，使得每一笔交易都可追溯；以太坊与超级账本 Fabric 需要支持功能丰富的通用应用，因此采用了基于账户的模型，可基于账户快速查询到当前余额或状态。

在数据存储的设计上，因为区块链数据类似于传统数据库的预写式日志，因此通常按日志文件格式存储；由于系统需要大量基于哈希的键值检索（如基于交易哈希检索交易数据、基于区块哈希检索区块数据），索引数据和状态数据通常存储在 Key-Value 数据库，如比特币、以太坊与超级账本 Fabric 都以 Level DB 数据库存储索引数据。

4. 智能合约层

智能合约是一种用算法和程序来编制合同条款、部署在区块链上且可按照规则自动执行的数字化协议。该概念早在 1994 年由 Szabo 提出，起初被定义为一套以数字形式定义的承诺，包括合约参与方执行这些承诺所需的协议，其初衷是将智能合约内置到物理实体以创造各种灵活可控的智能资产。由于早期计算条件的限制和应用场景的缺失，智能合约并未受到研究者的广泛关注，直到区块链技术出现之后，智能合约才被重新定义。区块链实现了去中心化的存储，智能合约在其基础上则实现了去中心化的计算。

比特币脚本是嵌在比特币交易上的一组指令，由于指令类型单一、实现功能有限，其只能算作智能合约的雏形。以太坊提供了图灵完备的脚本语言 Solidity、Serpent 与沙盒环境以太坊虚拟机（ethereum virtual machine，EVM），以供用户编写和运行智能合约。超级账本 Fabric 的智能合约被称为链上代码（chaincode），其选用容器（docker）作为沙盒环境，容器中带有一组经过签名的基础磁盘映像及 Go 与 Java 语言的软件开发工具包（software development kit，SDK），以运行用 Go 与 Java 语言编写的 Chaincode。

5. 应用层

比特币平台上的应用主要是基于比特币的数字货币交易。以太坊除了基于以太币（Ether，ETH）的数字货币交易外，还支持去中心化应用（DAPP），DAPP 是由 JavaScript 构建的 Web 前端应用，通过 JSON-RPC（JavaScript object notation-remote procedure call，基于 JavaScript 对象简谱的远程过程调用）与运行在以太坊节点上的智能合约进行通信。超级账本 Fabric 主要面向企业级的区块链应用，并没有提供数字货币，其应用可基于 Go、Java、Python、Node.js 等语言的 SDK 构建，并通过 gRPC 或 REST 与运行在超级账本 Fabric 节点上的智能合约进行通信。

2.2　区块链的分类

根据准入规则来划分，区块链可分为公有链、联盟链和私有链（private blockchain）。根据链与链的关系来划分，区块链可以分为单链、侧链和互联链；根据适用范围来划分，区块链可以分为基础链和行业链。

2.2.1　根据准入规则划分

1. 公有链

公有链也称作非许可链（permissionless blockchain），没有集中式的管理机构。网络中的参与节点可任意接入，无须授权就可以匿名访问区块链。公有链上的相关数据信息未设置读写访问权限，任何人都可以查看、存储，任意节点都可以随时在区块链上发布交易、参与共识、共同维护区块链并记录当前的网络状态。

由于公有链的完全开放特性，它是真正意义上完全去中心化的区块链形式。公有链的共识机制主要为 PoW、权威证明（proof of authority，PoA）和 PoS，参与记账的节点会得到代币（token）奖励，以此激励每个参与节点为共识做出贡献，保障区块链的稳定和安全。

公有链的主要应用场景有支付交易、福利分配等。公有链典型的代表有比特币、以太坊等。系统全面公开也为公有链带来很多问题，因此公有链成为学者研究的主要对象。

2. 私有链

私有链是一个在准入原则上与公有链对立的区块链形式。私有链仅供组织内部使用，区块链上的读、写、共识记账等都需要符合组织内部的约定。由于系统封闭节点数量可控制，私有链在效率和性能方面远优于公有链。

私有链由私有组织或单位创建，写入权限仅局限在组织内部，读取权限有限对外开放。私有链的价值在于为封闭式的场景提供安全、可追溯、不可篡改的可编程运算平台。私有链是许可链（permission blockchain）的一种，主要适用于企业内部的数据库管理、审计等。

在私有链中，传统的一致性共识算法成为首选，如 PBFT、Paxos、Raft 等。由于私有链通常采用具有可信中心的部分去中心化结构和容错性低、性能效率低的 Paxos 和 Raft 等共识机制，因此其记账效率要远高于联盟链和公有链。Paxos 机制是基于消息传递的一致性算法，主要用于解决如何调整分布式系统中的某个值使其达成一致的问题。Raft 机制能够实现秒级共识的效果，确保了结果的可靠性和准确性。

3. 联盟链

联盟链属于许可链的一种，在准入规则上是一个介于私有链和公有链之间的区块链形式。在结构上采用部分去中心化的方式，与公有链相比，联盟链所拥有的节点数量较少。

联盟链由若干机构联合构建，只限联盟成员参与，某个节点的加入需要获得联盟其他成员的许可，区块链上数据的读取权限和记账规则由联盟成员协商制定。

联盟链可以根据应用场景决定开放程度，共识过程由预先设定好的节点负责，典型的共识机制有 PBFT、PoS、DPoS、PBFT、RAFT 等。

联盟链典型的应用场景是企业间的交易结算、清算等。由于参与节点动态变化但数量可控，联盟链每秒处理的交易数及确认时间都与公有链有很大差别，其对安全和性能要求也高于公有链。

系统的运转围绕区块链账本的记录和维护过程展开。公有链可以由任何节点参与记录维护，联盟链则由预先确定的节点参与记录维护，私有链由单一的节点参与记录维护。这些链的访问权限由区块链的维护者决定，通常用户可以访问公有链，用户能否访问联盟链由链中参与节点决定，私有链一般不对外部用户开放。公有链是完全对外开放的链，私有链不对外开放，联盟链则介于二者之间。表 2-1 是这三类区块链系统的对比。

表 2-1　三类区块链系统的对比

对比项	公有链	联盟链	私有链
访问权限	公开读写	受限读写（预先定义节点）	受限读写（通常为单一节点）
性能	慢	快	快
共识算法	证明类共识算法（PoW、PoS、PoC 等）	传统共识算法（Raft、PBFT 等）	传统共识算法（Raft、PBFT）
身份	匿名、假名	已知身份	已知身份
举例	比特币、以太坊	Fabric	R3 Corda

2.2.2　根据链与链的关系划分

1. 单链

单链是能够独立运行的区块链系统。例如，比特币主链、测试链、超级账本 Fabric 的私有链形式或者联盟链形式都可以称为单链。

目前主要的区块链方案都是单链。

2. 侧链

起初侧链是针对比特币的主链提出的一个概念，是一种解决比特币主链拥塞、性能过低、难以修改等问题的技术方案。侧链的实质就是与比特币主链挂钩的区块链，可以与比特币进行数据交互。跨链的数据传输使主链的功能得以扩展，侧链独立运行可以提供高性能的服务，同时将数据锚定到主链可增加本链的可靠性和安全性。

3. 互联链

顾名思义，互联链就是能提供多个区块链之间数据互联互通的底层区块链。

针对各领域垂直的区块链应用，当需要链与链之间自由交换数据时就可以使用互联链提供的协议和服务。互联链的主要特点是具有良好的互操作性和可扩展性。

典型项目如区块链的互联网（Cosmos），通过枢纽（hub）完成对不同分区间的数据交换，不同的分区可以通过共享枢纽来互相通信与互操作。

2.2.3 根据适用范围划分

1. 基础链

基础链是可以为区块链或分布式应用提供基础服务的区块链。典型的基础链（如以太坊）可以提供智能合约的发布、编译、运行服务，是下一代分布式应用平台；星际文件系统（inter planetary file system，IPFS）可以提供数据的存储服务；本体（ontology，ONT）是新一代的公有基础链，提供基础公有链服务、智能合约体系服务、定制公有链相关服务及分布式数据交换协议服务等。

2. 行业链

行业链是指针对特定的应用场景而形成的垂直领域的区块链。

2.3 密 码 技 术

为了保证区块链上存储数据的安全性和完整性，区块及区块链的定义和构造中使用了多种现代密码学技术，包括公钥加密体制、哈希函数和 Merkle 树等。同时，在多种不同的共识算法的设计中也大量使用相关密码学技术。

2.3.1 公钥加密体制

常见的公钥加密算法有 RSA、ElGamal、椭圆曲线加密（ECC）算法。区块链中采用的公钥加密算法是 ECC，用于为每个用户生成公私钥对，其安全性依赖于椭圆曲线离散对数问题（elliptic curve discrete logarithm problem，ECDLP）的困难性，该算法的主要优点有实现速度快、密钥尺度小、参数选择灵活等。

椭圆曲线作为代数几何中的重要问题已有 100 多年的研究历史，积累了大量的研究文献，但直到 1985 年，美国华盛顿大学的 Neal Koblitz 和普林斯顿大学的 Victor Saul Miller 才独立将其引入密码学中，成为构造公钥密码体制的一个有力工具。它是利用有限域上的椭圆曲线有限群代替离散对数问题中的有限循环群后得到的一类密码体制。由于椭圆曲线密码具有安全性能高、处理速度快、带宽要求低和存储空间小等特点，与RSA 相比，ECC 算法在密钥长度和运算速度上具有优越性。

基于椭圆曲线的性质，区块链系统目前所使用的大多是在比特币中广泛采用的secp256k1 标准的 ECC 算法。

椭圆曲线可以用三次方程来表示，如式（2-1）所示。

$$y^2 + axy + by = x^3 + cx^2 + dx + e \qquad (2-1)$$

其中，a，b，c，d 和 e 是实数；x 和 y 在实数集上取值。

将式（2-1）限制为式（2-2）的形式：

$$y^2 = x^3 + ax + b \qquad (2-2)$$

在椭圆曲线中定义一个称为无穷远点或零点的元素，记作 O。考虑满足式（2-2）的所有点 (x, y) 和元素 O 所组成的点集 $E(a, b)$，在式（2-2）中，参数 a 和 b 如果满足

$$4a^3 + 27b^2 \neq 0 \qquad (2-3)$$

则可基于集合 $E(a, b)$ 定义一个群。

为了在 $E(a, b)$ 上定义一个群，先定义一个加法运算，用 + 表示，其中 a 和 b 满足式(2-3)。用几何术语可定义加法的运算规则：若椭圆曲线上的三个点在同一条直线上，则它们的和为 O。从这个定义出发，可以定义椭圆曲线加法的运算规则：

（1）点 O 是加法单位元，如图 2-2 所示的无穷远点。这样有 $O = -O$；对椭圆曲线上的任何一点 P，有 $P + O = P$。

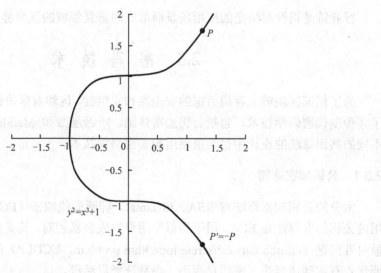

图 2-2　椭圆曲线上定义 $P+(-P)=O$

下面假定 $P \neq Q$ 且 $Q \neq O$。

（2）如图 2-2 所示，点 P 的负元是具有相同 x 坐标和相反的 y 坐标的点，即若 $P=(x, y)$，则 $-P = (x, -y)$。注意这两个点可用一条垂直的线连接起来，并且 $P + (-P) = P - P = 0$。

（3）如图 2-3 所示，要计算 x 坐标不相同的两点 P 和 Q 之和，则在 P 和 Q 间画一条直线并找出第三个交点 R'，显然存在唯一的交点 R'（除非这条直线在 P 或 Q 处与该椭圆曲线相切，此时分别取 $R'=P$ 或 $R'=Q$）。定义 $P+Q$ 为 R'（相对于 x 轴）的镜像 R。

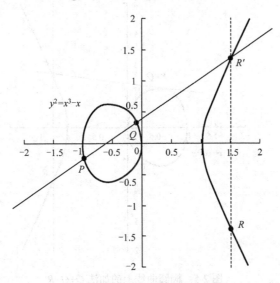

图 2-3　椭圆曲线上的加法 $P+Q=R$

（4）上述术语的几何解释也适用于具有相同 x 坐标的两点 P 和 $-P$ 的情形，如图 2-4 所示。用垂直的线连接这两点，也可看作在无穷远点处与曲线相交，因此有 $P+(-P)=O$，与上述定义一致。

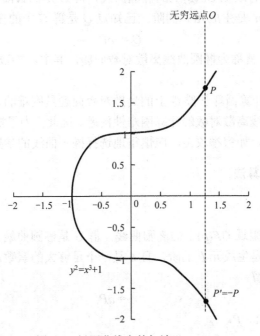

图 2-4　椭圆曲线上的加法 $P+(-P)=O$

（5）如图 2-5 所示，为计算点 Q 的两倍，画一条切线并找出另一交点 R'，R 为 R'（相对于 x 轴）的镜像，则 $Q+Q=2Q=R$。

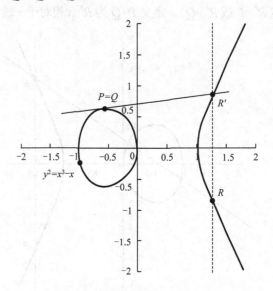

图 2-5　椭圆曲线上的加法 $Q+Q=R$

可以证明，集合 $E(a, b)$ 在上述运算规则下，构成阿贝尔群。

要建立基于椭圆曲线的密码体制，需要类似因子分解两个素数之积或求离散对数这样的难题。椭圆曲线离散对数问题描述如下：

假设 E 是定义在有限域 $GF(p)$ 上的椭圆曲线，群 G 是椭圆曲线 E 的一个循环子群，P 是群 G 的生成元，n 是生成元 P 的阶。已知点 Q 是群 G 中的任意一点，求满足

$$Q = mP \tag{2-4}$$

的整数 $m(1 \leqslant m \leqslant n)$，就称为椭圆曲线离散对数问题，其中，整数 m 称为以 P 为基的 Q 的离散对数。

当 n 足够大时，计算循环子群 G 上的离散对数问题是困难的，椭圆曲线密码体制的安全性就基于椭圆曲线离散对数的计算困难性问题。因此，为了抵抗常见的对椭圆曲线离散对数问题的攻击，如穷举攻击，应慎重地选择椭圆曲线的参数。

2.3.2　椭圆曲线密码算法

1. 密钥生成算法

设 E 是定义在有限域 $GF(p)$ 上的椭圆曲线，群 G 是椭圆曲线 E 的一个循环子群，P 是群 G 的生成元，n 是生成元 P 的阶，且 n 是一个足够大的素数。随机选取一个整数 a（$1 \leqslant a \leqslant n-1$），并计算：

$$A = aP \tag{2-5}$$

则私钥为 a，公钥为 A、P。

2. 加密算法

设明文为 m，在椭圆曲线上找一点 P_m，使其 x 坐标值与 y 坐标值之差为 m。再选择一随机数 r，则密文 C 为

$$C = \{ rP, P_m + rA \} \tag{2-6}$$

3. 椭圆解密算法

通过用私钥 a 与第一点相乘，并减去第二点，得到 P_m：

$$P_m + rA - a(rP) = P_m + r(aP) - a(rP) = P_m \tag{2-7}$$

计算 P_m 的 x 坐标值与 y 坐标值之差即可得到明文 m。

如果攻击者企图从 C 中计算出 P_m，首先必须知道 r 的值。要想由 P 和 rP 计算出 r，就将面临求解椭圆曲线离散对数问题，而求解该问题在计算上是困难的。

2.4　哈 希 算 法

哈希函数，又称杂凑函数或散列函数，是消息认证码的一种变形。它是密码学的一个基本工具，在信息安全领域有广泛和重要的应用，主要作用是数据完整性验证和消息认证。

2.4.1　哈希值的特性

哈希函数的输入是可变大小的消息 M，输出是固定大小的散列码 $H(M)$。散列码并不使用密钥，它仅是输入消息的函数。散列码是所有消息位的函数，它具有错误检测能力，即改变消息的任何一位或多位，都会导致散列码的改变。

哈希值 H 由下面的函数生成：

$$H = H(M) \tag{2-8}$$

其中，M 是一个变长消息；$H(M)$ 是定长的哈希值。

哈希函数本身并不提供保密性，其目的是要产生消息的"指纹"。哈希函数要能用于消息认证，它必须满足下列条件：

（1）H 可应用于任意大小的数据块；

（2）H 产生定长的输出；

（3）对任意给定的 x，计算 $H(x)$ 比较容易，用软件和硬件均可实现；

（4）单向性：对任意给定的哈希值 h，找到满足 $H(x) = h$ 的 x 在计算上是不可行的；

（5）抗弱碰撞性：对任何给定的分组 x，找到满足 $y \neq x$ 且 $H(x) = H(y)$ 的 y 在计算上是不可行的；

（6）抗强碰撞性：找到任何满足 $H(x) = H(y)$ 的偶对 (x, y) 在计算上是不可行的。

前 3 个条件是哈希函数实际应用于消息认证中所必须满足的条件。

单向性对使用秘密值的认证技术极为重要。虽然该秘密值本身并不传送，但若哈希函数不是单向的，则攻击者可以按照如下方式很容易地找出这个秘密值：若攻击者截获

到传送的消息，则他可以得到消息 M 和散列码 $C = H(S_{AB} \parallel M)$，然后求出哈希函数的逆，从而得出 $S_{AB} \parallel M = H^{-1}(C)$。由于攻击者已知 M 和 C，所以可以得出 S_{AB}。

抗弱碰撞性可以保证，不能找到与给定消息具有相同哈希值的另一消息，因此可以在使用散列码加密的方法中防止攻击者伪造。

抗强碰撞性用于抵抗生日攻击。

2.4.2 哈希函数处理过程

大多数重要的哈希函数都设计成一个迭代过程，其处理过程如图 2-6 所示。

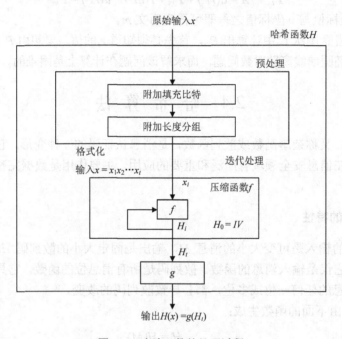

图 2-6　哈希函数的处理过程

首先对哈希函数的原始输入进行预处理，使其长度成为 r 的整倍数，得到 $x = x_1 x_2 \cdots x_t$，x_i 长度为 r，$1 \leq i \leq t$。$H_0 = IV$ 为初值，$H_i = f(x_i, H_{i-1})$。f 是哈希函数的压缩函数，g 是输出变换。

2.4.3 常用的哈希算法

常用的哈希算法包括 MD5 和 SHA 系列算法。SHA 是美国国家安全局（NSA）设计，美国国家标准与技术研究院（NIST）发布的一系列密码哈希函数。SHA0 于 1993 年发布（PUBS 180-1-1993），两年之后，SHA1 发布（FIPS PUBS 180-1-1995）。SHA1 是目前国际通用的哈希算法，被认为是现代网络安全的基石，广泛应用于银行、安全通信及电子商务中。SHA2 算法是 SHA1 的后继者，其下又分为不同的算法标准。这些变体除生成的哈希值长度、循环运行的次数等有细微差异之外，基本结构是一致的。SHA0、SHA1、SHA2 的描述如表 2-2 所示。

表 2-2　SHA 函数的具体参数

名称		哈希值位数	中间状态位数	块数据大小	最大加密数据位数	内部处理单元位数	循环周期	内部使用逻辑	是否存在漏洞
SHA0		160	160	512	$2^{64}-1$	32	80	+/and/or/xor/rot	是
SHA1									是
SHA2	SHA256	256	256	512	$2^{64}-1$	32	64	+/and/or/xor/rot/shr	否
	SHA224	224							
	SHA512	512	512	1024	$2^{128}-1$	64	80		
	SHA384	384							

SHA256 算法的输入为小于 2^{64} 位的任意消息，分为 512 位的分组，输出为 256 位的哈希值。例如，Blockchain 经过 SHA256 计算所得到的哈希值为

3a6fed5fc11392b3ee9f81caf017b48640d7458766a8eb0382899a605b41f2b9

区块链中经常用到哈希算法，例如第 1 章介绍的比特币系统，比特币中的交易数据和区块头数据通过 SHA256 算法计算哈希值以保证数据的完整性。

2.4.4　SHA256 算法

1. SHA256 中的函数

SHA256 算法中使用了 6 个逻辑函数、2 个移位函数及 8 个 32 位的初始化哈希值。所有函数的操作均是以 32 位的数据块为单位进行运算的，同时所有的加法操作都是模 2^{32} 的加法。函数的具体内容如下：

1）移位函数

$SHR^n(x) = x >> n$

$ROTL^n(x) = (x << n)\ (x >> w - n)$

2）逻辑操作函数

$Ch(x,y,z) = (x \char`\^ y) \oplus (\neg x \char`\^ z)$

$Maj(x,y,z) = (x \char`\^ y) \oplus (x \char`\^ z) \oplus (y \char`\^ z)$

$$\sum\nolimits_0^{\{256\}} = ROTR^2(x) \oplus ROTR^{13}(x) \oplus ROTR^{22}(x)$$

$$\sum\nolimits_1^{\{256\}} = ROTR^6(x) \oplus ROTR^{11}(x) \oplus ROTR^{25}(x)$$

$$\sum \sigma_0^{\{256\}} = ROTR^7(x) \oplus ROTR^{18}(x) \oplus SHR^3(x)$$

$$\sum \sigma_1^{\{256\}} = ROTR^{17}(x) \oplus ROTR^{19}(x) \oplus SHR^{10}(x)$$

2. 哈希值的初始化

SHA256 算法中用到了 8 个哈希初值及 64 个哈希常量。其中，SHA256 算法的 8 个初始哈希值 H_0 由以下 8 个 32 位的哈希初值构成：

$$H_0^{(0)} = 0x6a09e667$$

$$H_1^{(0)} = \text{0xbb67ae85}$$
$$H_2^{(0)} = \text{0x3c6ef372}$$
$$H_3^{(0)} = \text{0xa54ff53a}$$
$$H_4^{(0)} = \text{0x510e527f}$$
$$H_5^{(0)} = \text{0x9b05688c}$$
$$H_6^{(0)} = \text{0x1f83d9ab}$$
$$H_7^{(0)} = \text{0x5be0cd19}$$

3. 消息填充

对输入的数据进行填充，使其长度为 512 位的整数倍，同时要求填充后的数据中包含 64 位的原始消息，所以要填充的消息长度为（448 mod 512）。

填充内容由一个 1 和后续的 0 组成。例如，在 8 位 ASCII 码系统中，消息"abc"的长度为 8×3=24 位，需要填充 448-24=424 位，其中 423 个 0。最后加上 64 位原始消息后，就得到 512 位的填充消息：

$$\underbrace{01100001}_{a}\underbrace{01100010}_{b}\underbrace{01100011}_{c}1\overbrace{00\cdots0}^{423}\overbrace{00\cdots0}^{64}\underbrace{11000}_{L=24}$$

4. 数据块扩展

SHA256 算法每次对数据的处理是以 512 位的数据块为处理单元的，因此首先将消息 M 分成大小为 512 位的块（图 2-7）。

图 2-7　SHA256 原始消息分块

每次读入第 i 个 512 位的数据块后，会将 512 位的数据分成 16 份 32 位的数据块，假设第一个 32 位的数据块为 $M_0^{(i)}$，则依次往后第二个为 $M_1^{(i)}$，直到最后一个 $M_{15}^{(i)}$。随后通过式（2-9）将 16×32 位的数据扩展成 64×32 位的数据，并将扩展后的结果存放在 W_t 中。

$$W_t = \begin{cases} M_t^{(i)}, & 0 \leqslant t \leqslant 15 \\ \sigma_1^{(256)}(W_{t-2}) + W_{t-7} + \sigma_0^{(256)}(W_{t-15}) + W_{t-16}, & 16 \leqslant t \leqslant 63 \end{cases} \quad (2\text{-}9)$$

5. 循环迭代计算

SHA256 算法通过循环迭代计算完成哈希值的计算（图 2-8）。假设消息 M 被分解为 n 个数据块，则整个 SHA256 算法要完成 n 次迭代。256 位的哈希初始值 H_0，经过压缩函数的计算，得到 H_1，即完成了第一次迭代。H_1 经过压缩函数的计算得到 H_2，……，依次处理，当最后一个消息块处理完后，最后得到 H_n，H_n 即为最终的 256 位的报文摘要，即 n 次迭代的结果就是最终输出的原始消息的 SHA256 哈希值。

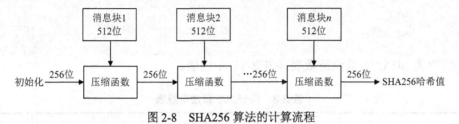

图 2-8　SHA256 算法的计算流程

迭代通常调用压缩函数来处理，如图 2-9 所示。

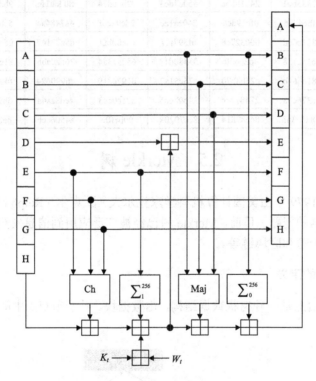

图 2-9　SHA256 压缩函数

具体步骤如下：如果是加密数据的第一个数据块，首先要使用哈希初始值对 a、b、c、d、e、f、g、h 进行初始化；否则将使用上一个数据块的迭代结果对其进行初始化。然后对 a、b、c、d、e、f、g、h 进行 64 次循环迭代：

```
For t=0 to 63{
    T₁=h+∑₁^(256)(e)+Ch(e,f,g)+K_t^(256)+W_t
    T₂=∑₀^(256)(a)+Maj(a,b,c)
    h=g
    g=f
```

```
f=e
e=d+T₁
d=c
c=b
b=a
a=T₁+T₂
}
```

其中 $K_t^{(256)}$ 为 SHA256 算法常数表（表 2-3）中的值。

表 2-3　SHA256 算法常数表

	1	2	3	4	5	6	7	8
1	428a2f98	71374491	b5c0fbcf	e9b5dba5	3956c25b	59f111f1	923f82a4	ab1c5ed5
2	d807aa98	12835b01	243185be	550c7dc3	72be5d74	80deb1fe	9bdc06a7	c19bf174
3	e49b69c1	efbe4786	0fc19dc6	240ca1cc	2de92c6f	4a7484aa	5cb0a9dc	76f988da
4	983e5152	a831c66d	b00327c8	bf597fc7	c6e00bf3	d5a79147	06ca6351	14292967
5	27b70a85	2e1b2138	4d2c6dfc	53380d13	650a7354	766a0abb	81c2c92e	92722c85
6	a2bfe8a1	a81a664b	c24b8b70	c76c51a3	d192e819	d6990624	f40e3585	106aa070
7	19a4c116	1e376c08	2748774c	34b0bcb5	391c0cb3	4ed8aa4a	5b9cca4f	682e6ff3
8	748f82ee	78a5636f	84c87814	8cc70208	90befffa	a4506ceb	bef9a3f7	c67178f2

2.5　Merkle 树

Merkle 树于 1979 年由美国计算机科学家拉尔夫·默克尔（Ralph Merkle）提出，目的是解决多重签名的问题。目前，Merkle 树已经被广泛应用到信息安全的各个领域，如数字签名、密钥管理和区块链等。

2.5.1　Merkle 树的定义

Merkle 树本质上是一种树状数据结构，由数据块、叶子节点、中间节点和根节点组成（图 2-10）。

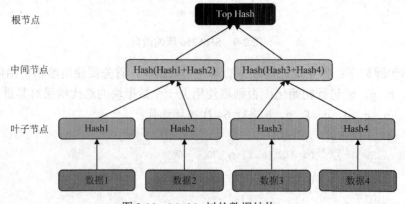

图 2-10　Merkle 树的数据结构

Merkle 树各部分的构成关系为：

（1）Merkle 树是一棵树，一般为二叉树，也可以为多叉树；

（2）Merkle 树的每个叶子节点都对应一个数据的哈希值；

（3）在 Merkle 树中，对于任何一个非叶子节点，其值是由其子节点的值经过字符串连接之后再进行哈希计算得到的。

在图 2-10 所示的 Merkle 树中，有 4 个叶子节点。因为这棵 Merkle 树是二叉树，所以它需要偶数个叶子节点。如果只有奇数个数据，那么最后的数据就会被复制一次来构成偶数个叶子节点，这种树也被称为平衡树。由于 Merkle 树中各类节点都由哈希值构成，因此 Merkle 树又称为哈希树，即储存哈希值的树状数据结构。

Merkle 树中节点数据具有互相关联性，树中叶子节点的值发生了变化，都会改变该树的根节点值。也就是说，要验证叶子节点是否有变化，只需对比根节点值就可以了。

Merkle 树的安全性主要依靠哈希函数的安全性，而哈希函数具有单向不可逆性和非碰撞性，其安全性早已被证明，这就保证了基于哈希函数的 Merkle 树的应用更加安全、实用，所以这种结构被研究者广泛应用。

2.5.2　各平台中的 Merkle 树

1. 比特币中的 Merkle 树

在比特币网络中，Merkle 树的作用是保存比特币中所有的交易信息。比特币的每个区块中都会保存数千个交易，如此巨大的交易数量导致了对交易的查找和验证的困难，由于 Merkle 树验证叶子节点的高效率，使用所有交易生成一棵 Merkle 树是一个非常好的选择。在比特币中生成 Merkle 树使用 SHA256 算法，而且为了保证安全性进行了两次哈希计算，因此比特币中的哈希算法也被称为 double-SHA256。

比特币使用了最简单的二叉 Merkle 树，如图 2-11 所示。树上的每个节点都是哈希值，每个叶子节点对应块内一笔交易数据的 SHA256 哈希值；Merkle 树的构建过程是一个递归计算哈希值的过程，两个子节点的值连接之后，再经哈希运算可得到父节点的值；如此反复执行两两哈希，直至生成根哈希值，即交易 Merkle 根。通过 Merkle 根，块内任何交易数据的篡改都会被检测到，从而确保交易数据的完整性。无须树上其他节点参与，仅根据交易节点到 Merkle 根路径上的直接分支，即可基于简单支付验证确认一个交易是否存在于该块。例如，仅需图 2-11 中的节点 Hash3、Hash12 和 Merkle 根即可验证交易 Tx4 是否位于该块。在由 N 个交易组成的区块中，至多计算 $2\log_2 N$ 次哈希即可验证交易是否存在。由于不需全部区块数据即可验证交易，其非常适于构建轻客户端和电子钱包。

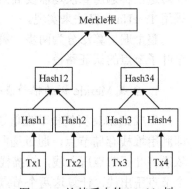

图 2-11　比特币中的 Merkle 树

2. 以太坊中的 Merkle 树

以太坊和超级账本 Fabric 区块头除含有交易 Merkle 根外，还含有针对账户状态数据的状态 Merkle 根（StateRoot），以太坊区块头还含有针对交易执行日志的收据 Merkle 根（ReceiptsRoot）。以太坊计算 Merkle 根使用的是 Merkle Patricia 树（Merkle Patricia tree，MPT），虽然区块中的交易数据是不变的，但状态数据经常改变且数量众多，构建新区块时，MPT 仅需计算在新区块中变化了的账户状态，状态没有变化的分支可直接引用，而无须重新计算整棵树。

MPT 实质上融合了 Merkle 树和前缀树，因此其具有查找能力。以一个以太坊账户地址为查找路径，能够快速地从 MPT 根向下查找到叶子节点中账户的状态数据，这种查找能力是二叉 Merkle 树所不具备的。MPT 还具有深度有限、根值与节点更新顺序无关等特性。

3. 超级账本 Fabric 中的 Merkle 树

超级账本 Fabric 计算状态 Merkle 根使用的是 Merkle Bucket 树。Merkle Bucket 树是多叉树，每个叶子节点是一个桶，桶中存放的是 Key-Value 类型的状态数据集。为新区块计算状态根时，没有变化的桶可以被跳过，因而可快速计算状态根。Merkle Bucket 树可通过调整桶数和分支数来控制树的深度和宽度，从而可在不同的性能和资源需求间权衡。

2.5.3 Merkle 树遍历算法

在 Merkle 树的应用中，一个很重要的过程就是生成一个叶子节点的认证路径。认证路径表示一个叶子节点到根节点的路径，其作用是验证节点是否存在于某棵树中。产生认证路径的过程就是对 Merkle 树进行遍历。

Merkle 树的遍历算法是指计算并按序输出每个叶子节点认证路径的算法。目前比较完善的 Merkle 树的遍历算法有三种：Classic 遍历算法、Log 遍历算法和 Fractal 遍历算法。这三种遍历算法均需要高效地计算各个节点的哈希值和 Merkle 树的根节点值，可采用 TreeHash 算法来实现。

整个遍历算法分为两步：第一步是生成 Merkle 树的根节点值，第二步是输出每一个叶子节点的认证路径。

1. 生成 Merkle 树的根节点值

生成 Merkle 树的根节点值通常使用 TreeHash 算法。TreeHash 算法的思想非常简单，即利用堆栈存储节点，通过递归计算父节点值来获取根节点的值。具体的计算过程是：依次将叶子节点压入栈，扫描栈顶的两个节点，若栈顶的两个节点高度相同，则将这两个节点压出栈，计算这两个节点父节点的哈希值，并存入栈中；否则，继续获取并压入下一个叶子节点，直至栈内只剩唯一的根节点。

假设 f 为哈希算法函数，如 SHA256。$N1||N2$ 表示将 $N1$ 和 $N2$ 连接为一个新的字符串。TreeHash 算法的具体步骤如下：

（1）建立一个空栈；Leaf 指向开始数据块，Leaf=start；
（2）如果栈顶两个节点高度不相同，则跳到步骤（4），否则进入步骤（3）；
（3）合并计算：
入栈一个节点，设为 Nright；
出栈一个节点，设为 Nleft；
计算父节点哈希值 Nparent = f(Nleft||Nright)，Nparent 节点高度为 Nleft 节点高度+1。
if Nparent 节点高度等于树的高度
　　输出 Nparent 为树的根节点，并退出；
else
　　将 Nparent 入栈，返回步骤（2）；
（4）使用 f 函数计算新叶子节点 H=f(Leaf)，高度为 0。
　　将 H 入栈；
　　Leaf 指向下一块数据；
　　跳至步骤（2）。

2. 输出叶子节点的认证路径

Classic 遍历算法是基于堆栈和异或来实现的。在 TreeHash 的过程中把各层的堆栈初始值设置好，递增叶子节点的计数为 left，在顺序计算认证路径时，输出堆栈中的数据，再计算节点(left+1+2^h)⊕2^h，重新设置各层的堆栈。该算法每轮需要调用 2log$N$ 次哈希函数，并且需要最大为 $\log_2^2(N/2)$ 个哈希值的存储空间。

Log 遍历算法和 Classic 遍历算法只在输出阶段不同，主要是在堆栈的重新设置方法上，对于每一个层次的堆栈采用不同的更新方法，需要调用 2log$N$ 次哈希函数，占用最大为 3log$N$ 个哈希值的存储空间。

Fractal 遍历算法则是利用子树的移动实现遍历的，在 TreeHash 的过程中设置好初始的 EXIST 和 DESIRE 子树，然后在遍历的过程中调整各个子树。该算法需要调用 2log$N$/log(log$N$)次哈希函数，存储空间最大为$1.5\log_2^2(N/2)$/log(log$N$)。

图 2-12 表示在一棵 Merkle 树中一个节点的认证路径，其中 8 号叶子节点的认证路径从底层至上层依次为 9 号、5 号、3 号；15 号叶子节点的认证路径则依次为 14 号、6 号、2 号。通过认证路径可以计算出根节点的值，与已知的根节点值进行比较，就可以验证节点的正确性。

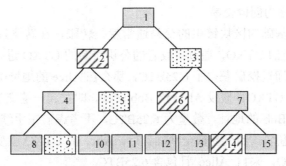

图 2-12　Merkle 树的认证路径

2.6 区块链的数据模型

区块链技术在现阶段发展中采用的数据模型一般分为两种：交易模型和账户模型。在不同的应用场景中，两种模型具有不同的特性，比特币采用基于交易的模型；以太坊和超级账本 Fabric 采用基于账户的模型。

2.6.1 基于交易的模型

在传统的交易模式中，用户往往会有一个凭证来表示自己的账户。中心系统会将账户和用户所持有的金额数目相关联，并在发生交易后对金额进行变更和记录。这种方式的优点是便于用户管理自己的资产，查询历史流水；缺点是用户的账户和身份信息极容易被绑定，增加了遭遇针对性攻击的可能。

比特币中不再使用账户这一概念，而是通过未花费的交易输出（UTXO）的数据结构来构建交易。如前所述，比特币的交易由输入和交易组成，每一笔交易都要花费一笔输入，产生一笔输出，而其所产生的输出，就是 UTXO。每一个 UTXO 都包含金额大小（Amount）、索引值（Index）、锁定脚本（Lock Script）等信息，如图 2-13 所示。

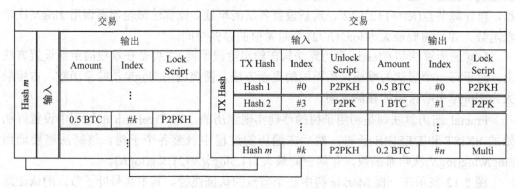

图 2-13 比特币交易中的 UTXO

UTXO 有两种产生方式：一种是转账交易，包括手续费交易；另一种是挖矿奖励交易。挖矿奖励是每个区块的第一笔交易，它没有输入，直接产生输出，这样的交易称为 Coinbase 交易，也称为创世交易。

以数字货币为基础的区块链中的交易通常就是转账，在转账过程中会消耗自己的 UTXO，同时生成新的 UTXO，通过接收者的公钥将新的 UTXO 进行锁定，确定资产所有权。例如，Alice 通过挖矿获得了 6.25BTC，那么在 Alice 的地址中，这 6.25BTC 是某个 Coinbase 交易的 UTXO。假设 Alice 给 Bob 转账，即发起一笔交易，输入是自己的上一笔交易，输出是 Bob 的地址，数量为 6.25BTC，不考虑矿工手续费，Alice 用自己的私钥对该交易进行签名。当交易被全网确认后，Alice 的 UTXO 就变成 0，而 Bob 的地址则新增一个 UTXO，来自 Alice 且包含 6.25BTC。

在基于 UTXO 的模型中，所有交易依靠上一笔交易哈希指针构成多条以交易为节点的链表，每笔交易可一直向前追溯至源头的 Coinbase，即挖矿所得的比特币，向后可追踪至尚未花费的交易。当某个账户收到一笔比特币资产时，实际上是以 UTXO 的形式存储在区块链上的，账户拥有的只是将这笔 UTXO 中的资产转移给一个或多个账户的权利。实际上在比特币系统中并不存在保存账户余额的地方，只有分散在区块中被封存的 UTXO。所谓的账户余额，实际上是比特币钱包通过遍历区块链，将所有属于该用户的 UTXO 相加求和得出的。

2.6.2 基于账户的模型

基于交易的模型虽然可以方便地验证交易，但无法快速查询用户余额。为了支持更多类型的行业应用，以太坊和超级账本 Fabric 等区块链平台采用了基于账户的模型，从而可以方便地查询交易余额或业务状态数据。智能合约也更适合在基于账户的模型之上构建，且其针对状态数据更易处理复杂的业务逻辑。

以太坊下的账户分为外部账户（externally owned accounts，EOA）和合约账户（contract account，CA）两种类型。外部账户用于发起交易和创建合约，合约账户用于在合约执行过程中创建交易。用户公私钥的生成与比特币相同，但是公钥经过哈希算法 Keccak-256 计算后取 20 字节作为外部账户地址。

2.7 区块链的关键技术

2.7.1 共识机制

区块链的核心在于共识机制。对于可信任的中心化服务机构而言，利用数字签名等技术，可以很容易地使其决策具备公信力。然而，对于去中心化的区块链货币系统，试图产生包含特定交易顺序的链，并在所有节点之间达成完全一致性是非常困难的。分布式系统中的 CAP（一致性、可用性、分区容错性）定理，指的是任何一个分布式系统不可能同时满足以下三个特点：

（1）一致性：不同节点最终完成决策的结果应该相同。

（2）可用性：决策的结果应在有限时间内完成。

（3）分区容错性：即允许网络中消息丢失。对于区块链网络而言，由于宕机、丢包等原因，分区是必然会发生的。

考虑这样一个具体的场景：两个不同的区块链矿工节点矿工，由于处理事务的能力不同，或者网络数据环境的差异，甚至是恶意的原因，对某笔交易做出了不同的决策。由于缺乏一个中心机构，这两种决策在网络中具备同等的公信力，对于其余节点而言，这意味着区块链出现了分叉，即破坏了区块链的一致性。 在这样的情况下，比特币的创始人中本聪设计了工作量证明（PoW）机制，通过牺牲一部分的时间与空间作为代价，来换取分布式场景中有条件的公信力，从而形成共识的基础。引入 PoW 机制的主要目的是加大伪造新区块的难度。

PoW 并未在严格意义上解决一致性问题。PoW 共识机制总是承认更长的那一条链。

对于每个具体的矿工节点,面对存在分叉的两条链有两种自由的选择。假如选择更长的那一条链,在其基础上计算新的区块,则将来在区块链网络中有更大的概率得到承认。因此对所有矿工节点而言,选择更长的链总是一个更有利的选择。一般而言,试图一次性伪造 6 个以上的区块,从而推翻已有的区块链,达成新的共识是不可能的。因此,PoW 机制可以保证区块链网络中自最新区块开始,6 个区块之前的历史数据的一致性。

除了 PoW,目前还有其他的共识机制,包括 PoS、DPoS 和 PBFT 等。

2.7.2　智能合约

尼克·萨博初次给出的智能合约的定义:一个智能合约是一套以数字形式定义的承诺,包括合约参与方可于其上执行这些承诺的协议。区块链的提出使智能合约的执行获得了可信的环境,比特币交易中的输出条件是用脚本描述的,这也是智能合约的雏形。以太坊首先实现了区块链和智能合约的完美契合。

从本质上说,现有的比特币转账服务就是一种事务性的智能合约。矿工节点校验转账事务输入/输出(input/output,I/O)的有效性后,将该事务记录在区块中就完成了事务操作。更一般地,假如允许矿工节点执行某些特定的智能合约程序,就能在区块链上实现智能合约,以太坊和超级账本等主流智能合约项目正式采用了这样的思想。

区块链技术的智能合约是一系列场景应对型的程序化规则和逻辑,是部署在区块链上的去中心化、可信息共享的程序代码。合约签署的各方就合约内容达成共识后,以智能合约的形式部署在区块链上,即可不依赖任何中心机构自动化地代表各签署方执行合约。智能合约具有自治、去中心化等特点,一旦启动就会自动运行,不需要任何合约签署方的干预。

智能合约的运行过程如下:智能合约封装预定义的若干状态、转换规则、触发条件及对应操作等,经过各方签署后,以程序代码的形式附着在区块链数据上,经过区块链网络的传播和验证后被记入各个节点的分布式账本中,区块链可以实时监控整个智能合约的状态,在确认满足特定的触发条件后激活并执行合约。

智能合约对区块链具有重要的意义。智能合约不仅赋予了区块链底层数据的可编程性,为区块链 2.0 和区块链 3.0 奠定了基础,还封装了区块链网络中各节点的复杂行为,为建立基于区块链技术的上层应用提供了便利的接口。拥有智能合约的区块链技术前景极为广阔。例如,对互联网金融的股权招募,智能合约可以记录每一笔融资,在达到特定融资额度后计算每个投资人的股权份额,或在一段时间后未达到融资额度时将资金退还给投资人。还有互联网租借业务,将房屋或车辆等实体资产的信息加上访问权限控制的智能合约部署到区块链上,使用者符合特定的访问权限或执行类似付款的操作后就可以使用这些资产。智能合约甚至与物联网相结合,在智能家居领域实现智能自动化,如室内温度、湿度、亮度的自动控制、自动门允许特定的人进入等。

现有水平的智能合约及其应用本质上是根据预定义场景的 IF-THEN 类型的条件响应规则,能够满足目前自动化交易和数据处理的需求。未来的智能合约应具备根据未知场景的 WHAT-IF 推演、计算实验和一定程度上的自主决策功能,从而实现由目前"自动化"合约向真正"智能"合约的飞跃。

第 3 章
常用的共识算法

共识算法是区块链系统的核心机制和关键技术，其目的在于解决分布式系统中各节点数据一致性问题。本质上，共识算法是一组规则，旨在通过设定一系列条件，筛选出具有代表性的节点，在区块链上完成新区块的添加，同时确保不同节点之间通过交换信息达成状态一致。然而，网络中可能存在恶意节点对数据进行篡改或伪造，通信网络也可能导致传输信息出错，进而影响节点间共识的达成，破坏分布式系统的一致性。因此，区块链系统的共识算法的各方面性能在不断改进与优化。

共识算法的研究历史悠久，可分为证明类、随机类、选举类、联盟类、混合类。解决传统分布式数据库一致性的算法有 Paxos、基于 Paxos 且更容易理解与实现的 Raft，但这些共识算法均是默认节点诚实可靠的非拜占庭容错（crash fault tolerance，CFT）算法，不能直接运用在无法保证节点诚实性的区块链网络中。1982 年，莱斯利·兰伯特（Leslie Lamport）等正式提出了拜占庭将军问题，随后拜占庭容错（BFT）算法和实用拜占庭容错（PBFT）算法相继被提出，PBFT 算法将 BFT 算法的复杂度从指数级降到多项式级，因而能真正地在实际中应用。BFT 算法的研究也使共识算法从解决传统的分布式数据一致性问题进入实现区块链共识的全新阶段。

3.1　共识算法概述

共识机制是分布式系统的核心。在 P2P 网络中，相互缺乏信任的节点通过遵循预设机制，最终实现数据一致性的过程称为共识。区块链本质上是一个去中心化的分布式账本数据库，共识机制也是区块链技术的核心。

3.1.1　共识算法的发展

共识问题是社会科学和计算机科学等领域的经典问题，已经有很长的研究历史。目前有记载的文献至少可以追溯到 1959 年，兰德公司和布朗大学的埃德蒙·艾森伯格（Edmund Eisenberg）、大卫·盖尔（David Gale）发表的"Consensus of subjective probabilities: the pari-mutuel method"，主要研究针对某个特定的概率空间，一组个体各自有其主观的概率分布时，如何形成一个共识概率分布的问题。随后，共识问题逐渐引起了社会学、管理学、经济学，特别是计算机科学等各学科领域科学家的广泛研究兴趣。

1975 年，纽约州立大学石溪分校的阿克云卢（E. A. Akkoyunlu）、埃卡纳德汉姆（K. Ekanadham）和胡贝尔（R. V. Huber）在论文"Some constraints and tradeoffs in the design of network communications"中首次提出了计算机领域的两军问题及其无解性证明，著名的数据库专家吉姆·格雷（Jim Gray）正式将该问题命名为"两军问题"。两军问题表明，在不可靠的通信链路上试图通过通信达成一致共识是不可能的，这被认为是计算机通信研究中第一个被证明无解的问题。

分布式计算领域的共识问题于 1980 年由马歇尔·皮斯（Marshall Pease）、罗伯特·肖斯塔克（Robert Shostak）和莱斯利·兰伯特提出，该问题主要研究在一组可能存在故障节点、通过点对点消息通信的独立处理器网络中，非故障节点如何能够针对特定值达成一致共识。1982 年，莱斯利·兰伯特等在另一篇文章"The Byzantine generals problem"中正式将该问题命名为"拜占庭将军问题"，提出了基于口头消息和基于签名消息的两种算法来解决该问题。拜占庭将军问题是分布式共识的基础。

1985 年，迈克尔·费舍尔（Michael Fisher）、南希·林奇（Nancy Lynch）和迈克尔·帕特森（Michael Paterson）共同发表了论文"Impossibility of distributed consensus with one faulty process"。这篇文章证明：在含有多个确定性进程的异步系统中，只要有一个进程可能发生故障，就不存在协议能保证有限时间内使所有进程达成一致。该定理根据论文三位作者的姓氏被命名为 FLP 不可能性定理，是分布式系统领域的经典结论之一，并由此获得了 Dijkstra 奖。

1988 年，麻省理工学院的布莱恩·奥奇（Brian Oki）和芭芭拉·利斯科夫提出了 VR（viewstamped replication，视图戳复制）一致性算法，采用主机-备份（primary-backup）模式，规定所有数据操作都必须通过主机进行，然后复制到各备份机上以保证一致性。1989 年，莱斯利·兰伯特在工作论文"The part-time parliament"中提出 Paxos 算法。Paxos 是基于消息传递的一致性算法，主要解决分布式系统如何就某个特定值达成一致的问题。随着分布式共识研究的深入，Paxos 算法获得了学术界和工业界的广泛认可。

1993 年，辛西娅·德沃克等首次提出了工作量证明（PoW）思想，用来解决垃圾邮件问题。该机制要求邮件发送者必须算出某个数学难题的答案来证明其确实执行了一定程度的计算工作，从而提高垃圾邮件发送者的成本。1997 年，英国密码学家亚当·巴克也独立地提出并于 2002 年正式发表了用于哈希现金的 PoW 机制。哈希现金也致力于解决垃圾邮件问题，其数学难题是寻找包含邮件接收者地址和当前日期在内的特定数据的 SHA1 哈希值，使其至少包含 20 个前导零。1999 年，马库斯·雅各布松（Markus Jakobsson）正式提出了 PoW 概念。这些工作为后来中本聪设计比特币的共识机制奠定了基础。

1999 年，米格尔·卡斯特罗和芭芭拉·利斯科夫 PBFT 算法的提出解决了原始 BFT 算法效率不高的问题，将算法复杂度由指数级降低到多项式级，使得 BFT 算法在实际系统应用中变得可行。

2000 年，加利福尼亚大学的埃里克·布鲁尔（Eric Brewer）教授在 ACM Symposium on Principles of Distributed Computing 研讨会的特邀报告中提出了一个猜想：分布式系统无法同时满足一致性、可用性和分区容错性，最多只能同时满足其中两个。2002 年，塞斯·吉尔伯特（Seth Gilbert）和南希·林奇在异步网络模型中证明了这个猜想，使其成为 CAP 定理。该定理使分布式网络研究者不再追求同时满足三个特性的完美设计，而是不得不在其中做出取舍，这也使后来的区块链体系结构设计受到了影响和限制。

2008 年 10 月 31 日，中本聪在密码学邮件组中发表了比特币的奠基性论文《比特币：一种点对点的电子现金系统》，基于区块链尤其是公有链的共识研究自此拉开序幕。传统分布式一致性算法大多应用于相对可信的联盟链和私有链，从分布式计算和共识的角度来看，比特币的根本性贡献在于首次实现和验证了一类实用的、互联网规模的拜占庭容错算法，从而打开了通往区块链新时代的大门。面向比特币、以太坊等公有链环境诞生了 PoW、PoS 等一系列新的拜占庭容错类共识算法。

比特币采用 PoW 共识算法来保证比特币网络分布式记账的一致性，这也是最早和迄今为止最安全可靠的公有链共识算法。PoW 共识算法在比特币中的应用具有重要意义，其近乎完美地整合了比特币系统的货币发行、流通和市场交换等功能，并保障了系统的安全性和去中心性。然而，PoW 共识算法同时存在着显著的缺陷，其强大算力造成的资源浪费（主要是电力消耗）历来为人们所诟病，而且长达 10 分钟的交易确认时间使其相对不适合小额交易的商业应用。

2011 年 7 月，一位名为 Quantum Mechanic 的数字货币爱好者在比特币论坛首次提出了 PoS 共识算法。随后，Sunny King 在 2012 年 8 月发布的点点币中首次实现。点点币将 PoW 和 PoS 两种共识算法结合起来，初期采用 PoW 挖矿方式使代币相对公平地分配给矿工，后期随着挖矿难度的增加，系统将主要由 PoS 共识算法维护。PoS 共识算法一定程度上解决了 PoW 共识算法算力浪费的问题，并能够缩短达成共识的时间，因而比特币之后的许多竞争币都采用 PoS 共识算法。

2013 年 2 月，以太坊创始人维塔利克·布特林（Vitalik Buterin）在比特币杂志网站详细地介绍了 Ripple（瑞波币）及其共识过程的思路。Ripple 项目实际上早于比特币，2004 年就由瑞安·福格尔（Ryan Fugger）实现，其初衷是创造一种能够有效支持个人和社区发行自己货币的去中心化货币系统；2014 年，大卫·施瓦尔茨（David Schwartz）等提出了瑞波协议共识算法（RPCA），该共识算法解决了异步网络节点通信的高延迟问题，通过使用集体信任的子网络（collectively-trusted subnetworks），在只需最小化信任和最小连通性的网络环境中实现了低延迟、高健壮性的拜占庭容错共识算法。目前，Ripple 已经发展为基于区块链技术的全球金融结算网络。

2013 年 8 月，比特股项目提出了一种新的共识算法，即股份授权证明（DPoS）算法。如果说 PoW 共识算法和 PoS 共识算法分别是"算力为王"和"权益为王"的记账方式的话，DPoS 算法则可以认为是"民主集中式"的记账方式，其不仅能够很好地解决 PoW 共识算法浪费能源和联合挖矿对系统的去中心化构成威胁的问题，也能够弥补 PoS 共识算法中拥有记账权益的参与者未必希望参与记账的缺点，其设计者认为 DPoS 算法是当时最快速、最高效、最去中心化和最灵活的共识算法。

2013 年，斯坦福大学的迭戈·翁伽罗（Diego Ongaro）和约翰·奥斯特豪特（John Ousterhout）提出了 Raft 共识算法。正如其论文标题"In search of an understandable consensus algorithm"所表明的，Raft 的初衷是设计一种比 Paxos 更易于理解和实现的共识算法，目前 Raft 已经在多个主流的开源语言中得以实现。

自 2014 年起，随着比特币和区块链技术快速进入公众视野，许多学者开始关注并研究区块链技术，共识算法也因此进入快速发展、百花齐放的时期。许多新共识算法被提出，它们或者是原有算法的简单变种，或者是为改进某一方面性能而做出的微创新，或者是为适应新场景和新需求而做出重大改进的新算法。这些共识算法由于提出时间晚，目前大多尚未获得令人信服的实践验证，有些甚至只是科研设想。但这些算法均具有明显的创新之处，具有一定的大规模应用的前景。

区块链共识算法的历史演进如图 3-1 所示。

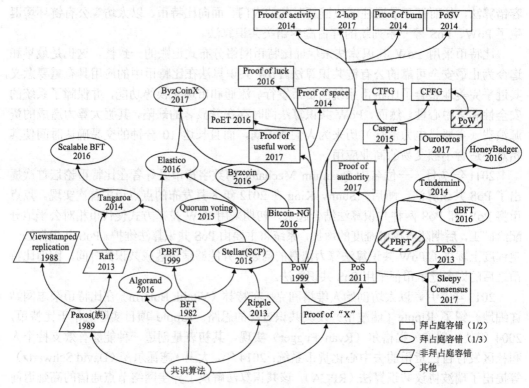

图 3-1　区块链共识算法的历史演进

3.1.2 共识算法的模型

区块链系统建立在 P2P 网络上。区块链系统的节点具有分布式、自治性、开放可自由进出等特性，因而大多采用 P2P 网络来组织散布全球的参与数据验证和记账的节点。P2P 网络中的每个节点均地位对等且以扁平式拓扑结构相互连通和交互，不存在任何中心化的特殊节点和层级结构，每个节点均会承担网络路由、验证区块数据、传播区块数据、发现新节点等功能。

区块链全体节点的集合可记为 P，一般分为生产数据或者交易的普通节点，以及负责对普通节点生成的数据或者交易进行验证、打包、更新上链等挖矿操作的"矿工"节点集合（记为 M），两类节点可能会有交集。矿工节点通常情况下会全体参与共识竞争过程，在特定算法中也会选举特定的代表节点、代替它们参加共识过程并竞争记账权，这些代表节点的集合记为 D。通过共识过程选定的记账节点记为 A。共识过程按照轮次重复执行，每一轮共识过程一般重新选择该轮的记账节点。

共识过程的核心是"选主"和"记账"两部分，在具体操作过程中每一轮可以分为选主（leader election）、造块（block generation）、验证（data validation）和上链（chain updation，即记账）四个阶段。如图 3-2 所示，共识过程的输入是数据节点生成和验证后的交易或数据，输出则是封装好的数据区块以及更新后的区块链。四个阶段循环往复执行，每执行一轮将会生成一个新区块。

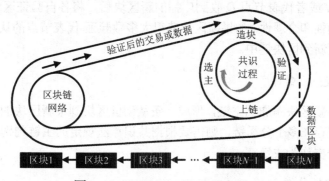

图 3-2　区块链共识过程的基础模型

1. 第一阶段：选主

选主就是选举出块者。出块者是指区块链中负责产生区块的节点，又称为记账者。出块者可以分为两种：一种是单一节点作为出块者；另一种是多个节点构成委员会（committee），整个委员会作为出块者。出块者选举的过程中，参与选举的节点需要完成一定的任务或具备某种条件才能够成为出块者。

选主是共识过程的核心，即从全体矿工节点集 M 中选出记账节点 A 的过程：可以使用公式 $f(M) \rightarrow A$ 来表示选主过程，其中函数 f 代表共识算法的具体实现方式。一般来说，$|A|=1$，即最终选择唯一的矿工节点来记账。

2. 第二阶段：造块

造块即生成区块。出块者主要完成生成区块的工作，即将一段时间内网络中产生的交易数据打包放到当前区块中。按照出块者与区块的对应关系可将区块生成过程分为两类：一类是"一对一"关系，一个出块者对应一个区块，下一个区块由新选举的出块者负责生成，如比特币；另一类是"一对多"关系，一个出块者在其"任职"期间，能够生成多个区块，一般将一个出块者的任职时间称为一个时间单元（epoch），每个时期由多轮（round）组成，每一轮生成一个区块。

第一阶段选出的记账节点根据特定的策略将当前时间段内全体节点 P 生成的交易或数据打包到一个区块中，并将生成的新区块广播给全体矿工节点 M 或其代表节点 D。这些交易或数据通常根据区块容量、交易费用、交易等待时间等多种因素综合排序后，依序打包进新区块。造块策略是区块链系统性能的关键因素，也是贪婪交易打包、自私挖矿等矿工策略性行为的集中体现。

3. 第三阶段：验证

出块者生成区块后，将区块在网络中广播。收到区块的节点验证区块的正确性并更新本地区块链。在部分共识机制中，节点可能还需要验证区块中交易的合法性和出块者身份的合法性等。

矿工节点 M 或者代表节点 D 收到广播的新区块后，将各自验证区块内封装的交易或者数据的正确性和合理性。如果新区块获得大多数验证/代表节点的认可，则该区块将作为下一区块更新到区块链中。

4. 第四阶段：上链

记账节点将新区块添加到主链，形成一条从创世区块到最新区块的完整的、更长的链条。如果主链存在多个分叉链，则需要根据共识算法规定的主链判别标准，来选择其中一条恰当的分支作为主链。

3.1.3 共识算法的分类

区块链共识算法的分类标准有很多。根据容错类型可以将共识算法分为拜占庭容错和非拜占庭容错；根据部署方式可以将共识算法分为公有链共识、联盟链共识和私有链共识；根据一致性程度可以将共识算法分为强一致性共识和弱一致性共识；根据共识算法依赖的数据结构，可以将共识算法分为基于链的共识和基于树或图的共识；根据记账节点选取策略，可以将共识算法分为选举类、证明类、随机类、约定类和混合类。

1. 选举类共识

在选举类共识机制中，每一轮参与共识的节点通过投票的方式达成共识，选出当前轮次的记账节点，首先获得半数以上选票的节点将会得到记账权。投票的形式和实现方式有多种，例如可以先通过投票的方式选取主节点，再同步更新数据；也可以直接就需保证一致性的数据进行共识投票。选举类共识算法多见于传统分布式一致性算法，如 Paxos 和 Raft。

2. 证明类共识

证明类共识算法有很多，也可称为 Proof of X 类共识，即参与共识的节点通过证明自己拥有某种能力而概率性地获取记账权，该能力越强，竞争获胜的概率就越大。证明方式通常是竞争性地完成某项难以解决但易于验证的任务，在竞争中胜出的节点将获得记账权。证明类共识算法最为典型的是 PoW 和 PoS 等共识算法，基于节点的算力或权益来完成随机数搜索任务，以此竞争记账权。

3. 随机类共识

随机类共识算法根据某种随机方式直接从参与共识的节点中选取记账节点。这类算法往往需要通过密码学加密方案或者可信执行环境（trusted execution environment，TEE）对随机性和安全性进行保障。典型的随机类共识算法有 Algorand 算法和消逝时间证明（PoET）算法。

4. 约定类共识

约定类共识算法多用于联盟链和私有链，即参与的节点事先约定哪些节点有资格成为记账节点，然后采用顺序轮询（round-robin）或者随机抽取的方式选择记账节点，其中随机抽取只是一种优化的方式。相比于随机类共识算法，这类共识算法中的随机抽取仅限于已限定集合中的节点，本质上是一种以"代议制"为特点的共识算法，如 DPoS 共识算法。

5. 混合类共识

在混合类共识算法中，参与节点采取多种共识机制混合的方式来选取记账节点。混合类共识算法的好处是可以最大化利用多个共识机制的优点。例如，Bitcoin-NG（Bitcoin-next generation）、PoW-PoS、DPoS-BFT 属于混合类共识算法等。

3.1.4 共识算法的评价标准

对于区块链共识，主要的评价标准有安全性、交易吞吐率、可扩展性、交易确认时间、去中心化和资源占用等。

1. 安全性

区块链共识机制的安全性主要是指在攻击者存在且能操控一定的网络资源和其他资源的情况下，诚实用户能够在不可信网络环境中达成最终的一致，并且能够抵抗一些针对共识机制的攻击。安全性是共识机制应当具有的最基本、最重要的属性。

2. 交易吞吐率

交易吞吐率是指区块链系统的交易处理速度，一般采用每秒钟处理交易的数量作为评判标准。交易吞吐率受到区块产生间隔、区块大小和网络延时等因素的影响。

3. 可扩展性

可扩展性是指网络处理交易的性能是否能够随着节点的增多而增强，其关注的是网络处理能力的可增长性。可扩展性一般通过对网络实施分片来实现，将整个网络节点分为不同的分片，每个分片并行处理分片内部的数据。

4. 交易确认时间

交易确认时间是指交易从被提交至共识网络，到交易被完全确认所需要的时间。交易完全确认是指交易被写入区块中，且确保大概率不会被篡改，交易双方能够以此作为凭证完成整个交易的过程。在比特币中，交易确认时间大约为 60 分钟（6 个区块的生成时间），60 分钟过后，才能保证区块大概率不会出现分叉，即保证交易大概率不会被篡改。在确定性共识中，由于区块链一般不会产生分叉，因此交易确认时间能够缩短。

5. 去中心化

去中心化是指区块链采用的共识机制中没有可信第三方存在。与此同时，区块由参与共识的节点共同决定，而不是决定权集中在少数几个节点上。网络中节点的权力应当分散化，而不是集中化。目前，比特币挖矿采用的矿池在一定程度上影响了比特币的去中心化。

6. 资源占用

资源占用主要考量的是共识机制带来的节点间的通信复杂度（communication complexity）和节点需要的计算复杂度（computation complexity）。资源占用通常与交易确认时间和交易吞吐率指标紧密联系。

3.2 分布式系统一致性问题

区块链是一个典型的分布式系统，在设计时必然要考虑分布式系统中的典型问题，而一致性一直是分布式系统的核心问题。

3.2.1 分布式系统模型

分布式系统模型是描述分布式系统特性的一些假设，基于这些假设可以对分布式系统进行划分。这些假设具体为：①每个节点的计算能力及其失效模式；②节点间通信的能力以及是否可能失效；③整个系统的属性，如时序等。节点即为分布式系统的物理机或虚拟机，负责系统的存储和计算业务。

1. 网络模型

网络模型根据系统中的时序模式分为同步网络和异步网络。一般来说，时序只有两种模式：同步和异步。同步网络中所有节点的时钟误差存在上限，并且网络的传输时间有上限；异步网络则与同步网络相反，节点的时钟误差无上限，消息的传输时间是任意长的，节点计算的速度也不可预料。

2. 故障模型

在分布式系统中，故障可能发生在节点或通信链路上，根据对系统故障行为的最弱限制到最强限制，故障类型大致分为以下四类。

（1）拜占庭（Byzantine）故障：这是最难处理的情况，系统内会发生任意类型的错误，发生错误的节点被称为拜占庭节点，拜占庭节点不仅会出现硬件错误、宕机，甚至会向其他节点发送错误消息。

（2）崩溃-恢复（crash-recovery）故障：比拜占庭类故障多了一个限制，节点总是按照程序逻辑执行，结果是正确的，但是不保证消息返回的时间。

（3）崩溃-遗漏（crash-omission）故障：比崩溃-恢复多一个非健忘的限制，即节点崩溃之前能把状态完整地保存在持久存储器上，启动之后可以再次按照以前的状态继续执行和通信。

（4）崩溃-停止（crash-stop）故障：崩溃-停止是理想化的故障模型，一个节点出现故障后立即停止接收和发送所有消息，或者网络出现故障无法进行任何通信。

这四类故障模型的关系如图3-3所示。

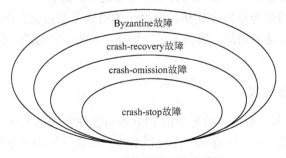

图3-3　四类故障模型的关系图

3.2.2　一致性重要定理

1. 拜占庭容错

1982年，莱斯利·兰伯特等正式提出了拜占庭将军问题。下面先了解一下什么是拜占庭将军问题。

拜占庭帝国派出了10支军队去进攻敌人，敌国虽然比拜占庭帝国弱小，但也足以抵御5支常规拜占庭军队的同时进攻。因此，这10支拜占庭帝国的军队，如果单独发起进攻则毫无胜算，至少需要6支军队，也就是一半以上的兵力同时进攻才能攻下敌国。

这 10 支军队分散在敌国的四周，依靠通信兵来协商进攻意向及进攻时间。困扰拜占庭帝国将军的问题是，不能确定他们中间是否有叛徒，叛徒可能擅自变更进攻意向或进攻时间。在这种情况下，拜占庭将军怎样才能保证有多于 6 支军队在同一时间发起进攻，从而赢得胜利？

拜占庭容错问题描述的是，为了抵御敌人，需要在是否攻击敌人的问题上达成一致。但是在将军中可能存在叛徒，叛徒会发送错误的信息给其他忠诚的将军，干扰他们的判断。在这样的环境下，将军们如何在有叛徒的情况下达成一致？

在分布式系统，尤其是区块链网络环境中，和拜占庭将军的境况类似，既有运行正常的服务器节点（类似于忠诚的服务器），也有由于硬件错误、网络拥塞或中断等原因而出现的故障服务器节点，甚至有恶意服务器节点（类似于叛变的服务器）。共识算法的核心就是在正常节点间形成对网络状态的共识，这是拜占庭容错技术的关键。

拜占庭容错问题是典型的分布式一致性问题，引申到计算机领域，它可以抽象地描述为以下更一般的问题模型：在传递消息的信道可靠的前提下，如何规避系统中存在的恶意节点，从而使整个系统不受恶意节点影响，依然能够运行良好且保证存储信息的完整性、可靠性、一致性。该问题要求在系统存在恶意节点的情况下依然能够运行良好，不受恶意节点影响，系统能够对某一问题形成一致性和正确性的决定。

在拜占庭将军问题中，由于将军中可能存在叛徒，这些叛徒将向不同的将军发送不同的消息，试图干扰共识的达成。这种情况与分布式系统中多个节点达成共识的问题相似。拜占庭将军问题是基于现实世界对系统模型的最弱假设，目前普遍采用以下假设条件。

（1）拜占庭节点的行为可以是任意的，节点之间可以共谋。

（2）节点之间的错误是不相关的且节点可以是异构的。

（3）节点之间通过异步网络连接，网络中的消息可能丢失、乱序到达、延时到达。

（4）节点之间传递的信息，第三方可以知晓，但是不能篡改、伪造信息的内容和验证信息的完整性。

2. FLP 不可能性定理

1985 年，迈克尔·费舍尔等提出的 FLP 不可能性定理指出在网络可靠但允许节点失效的最小化异步系统中，不存在一个可以解决一致性问题的确定性算法。FLP 不可能性定理所假设的系统模型如下。

（1）节点只会因为宕机而失效（非拜占庭失效）。

（2）网络是可靠的，只要进程非失败，消息虽会被无限延迟，但最终会被送达且消息仅会被送达一次。

（3）异步的时序模型。

FLP 不可能性定理实际上说明即便节点在非拜占庭失效情况下，在异步网络中也无法确保共识在有限时间内完成。

虽然不能实现完美的分布式系统，但是可以通过对系统主要设计指标进行一定的妥协，设计出一个理论上可行的、可以满足实际工程需求的分布式系统。CAP 定理很好地解决了这一问题。

3. CAP 定理

2000 年，加州大学伯克利分校的计算机科学家埃里克·布鲁尔在 ACM 分布式计算原理研讨会（Symposium on Principles of Distributed Computing，PoDC）上提出了一个猜想，命名为"CAP 定理"，但还未被证实。2002 年，麻省理工学院的塞斯·吉尔伯特和南希·林奇证明了埃里克·布鲁尔的猜想，CAP 定理正式诞生。

CAP 定理指出在一个异步网络环境中，对于一个分布式读写存储（read-write storage）系统来说，无法同时满足一致性、可用性和分区容错性。

（1）一致性是指所有节点在同一时刻能够看到同样的数据，即"强一致性"。

例如，由两台服务器 Node1 和 Node2 组成一个简单分布式系统，服务器 Node1 和 Node2 分别存储了同一份数据的两个副本，可以简单认为这个数据是一个键值对，初始的记录为 $V=0$。服务器 Node1 和 Node2 之间能互相通信，也都能与客户端通信（图 3-4）。

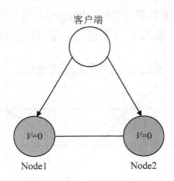

图 3-4　一个简单分布式系统

假设客户端向 Node1 发送写请求 $V=1$。如果 Node1 收到写请求后，只将自己的 V 值更新为 1，然后直接向客户端返回写入成功的响应，这时 Node2 的 V 值仍等于 0。客户端如果向 Node2 发起读 V 的请求，读到的将是 V 的旧值 0。那么，Node1 和 Node2 两个节点是不满足一致性的。如果 Node1 先把 $V=1$ 复制给 Node2，再将写入成功的响应返回给客户端，那么此时两个节点的数据就是一致的。这样，无论客户端从哪个节点读取 V 值，都能读到 V 的最新值 1。此时系统满足一致性要求。

（2）可用性指任何非失效节点都应该在有限时间内给出请求的回应。

例如，在图 3-4 中，客户端向 Node1 或 Node2 发起一个请求，如果节点正常运行无故障，那么它最终必须响应客户端的请求。

（3）分区容错性指在由网络分区导致消息丢失的情况下，系统仍能继续正常运行。

CAP 定理表明虽然不能使某个分布式场景同时满足三个性质，但可以使之同时满足三个中的两个。更进一步说，对于包含多个分布式场景的分布式系统，可以在满足三个性质的程度上进行适当的权衡。

CAP 定理的重要意义在于，在设计分布式系统时，可以施加基本的限制，不必浪费时间去构建一个完美的系统，而是根据不同场景的不同业务要求来进行算法上的权衡。

例如，对于分布式存储系统来说，网络连接故障是无法避免的，在设计系统时不得不考虑分区容错性，实际上只能在一致性和可用性之间进行权衡。一致性模型根据一致性强弱分为强一致性模型和弱一致性模型，其中弱一致性模型主要考虑最终一致性，即系统最终保证所有的访问将返回这个对象的最后更新值。

3.2.3　一致性算法

在设计分布式系统一致性算法时，除了要根据 FLP 不可能性定理和 CAP 定理等，算法还需满足分布式系统中对安全性（safety）和活性（liveness）的要求。

1988 年，布莱恩·奥奇和芭芭拉·利斯科夫提出的 VR 算法采用主机-备份模型，VR 算法中的一个副本（replica）作为主节点，其余副本都作为备份节点。基于复制原理的算法在于让所有副本状态机按照相同的顺序执行命令，VR 中所有主机决定命令的顺序，其他副本状态机仅接收主机确定好的顺序然后执行，过程如图 3-5 所示。当主机出现故障时，VR 算法执行视图切换（view change），每个视图中有且仅有一个固定的主节点，视图切换成功后，系统进入下一个视图，新的主机取代旧的主机。

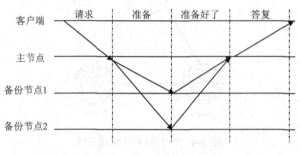

图 3-5　VR 一致性协议过程

1990 年，莱斯利·兰伯特提出了 Paxos 算法，该算法是第一个具有清晰的正确性条件说明及正确性证明的三阶段提交算法。后续又出现多个 Paxos 算法改进版本，形成了 Paxos 算法家族，包含 Basic Paxos、Multi Paxos、Cheap Paxos 等变种。尽管有很多降低复杂性的尝试，但是 Paxos 算法仍然晦涩难懂，并且其算法结构需要进行大幅的修改后才能够应用到实际的系统中，而 Raft 算法的出现就是为了解决 Paxos 难以理解与实现的问题。

Raft 算法是一种通过日志复制来实现的一致性算法，提供了与 Paxos 算法相同的功能和性能，但算法结构和 Paxos 算法不同，它更容易理解和应用。Raft 算法使用了特别的技巧来提升它的可理解性，包括算法分解（主要分为领导人选举、日志复制和安全三个模块）和减少状态机的状态。

Raft 算法与 VR 算法很相似，但是它也有一些独特的特性。

（1）Raft 算法使用一种更强的领导能力形式，例如，日志条目只从领导者发送给其他的服务器，这种方式简化了对复制日志的管理，并且使 Raft 算法更加易于理解。

（2）Raft 算法使用一个随机计时器来选举领导者。

（3）Raft 算法使用一种共同一致的方法来处理集群成员变更的问题，在集群配置更改过程中使用两阶段方法来保证安全性，集群先切换到一个过渡的配置，即称之为共同一致，一旦共同一致被提交了，系统则切换到新配置上，这样就实现了集群在配置转换的过程中依然可以响应服务器请求。

VR、Paxos、Raft 这三种一致性算法都是非拜占庭容错的，常用在分布式数据库中。1982 年，莱斯利·兰伯特等提出 BFT 算法后，除了提出拜占庭将军问题，也提供了两种解决该问题的办法。

一种为"口头消息"的 OM(m)协议，即除链路上可使用加密安全保障外，不允许使用任何加密算法。该协议需要两两之间递归地传递大量消息，因此消息复杂度很高，为指数级，实际操作性较差。但 BFT 算法仍有很高的价值，它为 PBFT 算法奠定了基础。

另一种为"加密消息"的 SM(m)协议，该协议与第一种协议的不同之处在于使用了签名算法。每个节点都能产生一个不可伪造的签名，并可由其他节点进行验证，当收到消息后，节点会通过签名来判断及验证该消息是否已收到过。最终不再收到消息后，消息共识结束，它同样假设是在一个同步网络内进行的。

自此之后，改进的拜占庭容错算法不断出现，但这些解决方案都存在复杂度过高、运行过慢的问题。直到 1999 年，米格尔·卡斯特罗和芭芭拉·利斯科夫发表论文"Practical Byzantine Fault Tolerance"，首次提出了 PBFT 算法，可以在保证活性和安全性的前提下提供 1/3 的容错性；采用数字签名、哈希计算等密码学算法，能保证消息传递过程中的完整性和不可抵赖性；PBFT 算法将 BFT 算法的复杂度从指数级降到了多项式级，使之能真正地在实际中应用。

3.2.4　区块链的一致性问题

区块链共识算法所面临的问题是：如何设计一个共识算法，该算法能够在不信任共识参与节点的情况下，使交易数据由共识参与节点集合一半以上的节点验证通过，并将数据以特定结构的方式分布式地存储于各个数据存储节点中。

共识算法的研究由来已久，以解决分布式数据库一致性问题。但这些传统的共识算法均默认节点是诚实可靠的，不能直接应用在无法保证节点诚实性的区块链网络中。PBFT 算法被认为是解决拜占庭将军问题最好的算法。研究者在 PBFT 算法的基础上又做了大量的改进工作，这些分布式一致性算法除了应用在传统的分布式数据库中，也常在联盟链和私有链平台上被采用（表 3-1）。

表 3-1　一致性算法

算法	提出时间	容错类型	应用
VR	1988 年	CFT	Berkeley DB
Paxos	1990 年	CFT	Chubby
PBFT	1999 年	BFT（容错率<1/3）	超级账本 v0.6
Query/Update	2005 年	BFT（容错率<1/5）	—
Hybrid/Quorum	2006 年	BFT（容错率<1/3）	—
Zyzzava	2007 年	BFT（容错率<1/3）	—

算法	提出时间	容错类型	应用
OBFT	2013 年	BFT（容错率<1/3）	—
RBFT	2013 年	BFT（容错率<1/3）	超级账本 Indy
Raft	2014 年	CFT	etcd
Tangaroa	2014 年	BFT（容错率<1/3）	—
HoneyBadger BFT	2016 年	BFT（容错率<1/3）	POA Network

比特币的出现不仅解决了在去中心化的点对点网络中实现价值转移的问题，而且其采用的 PoW 共识算法结合了经济激励机制、密码学等技术，使区块链在分布式系统中跨越了拜占庭容错的难关，为如何在分布式场景下达成共识带来了巨大的创新和突破。区块链时代自此到来，许多新的具有拜占庭容错性质的共识算法受比特币启发而陆续出现。

3.3 PBFT 算法

PBFT 算法基于状态机复制（state machine replication）原理，主要由一致性协议、视图切换协议和检查点协议组成，在正常情况下系统运行在一致性协议和检查点协议下，当主节点出错时，视图切换协议才会启动，以保证系统有序执行客户端请求。

3.3.1 系统假设

PBFT 算法假定错误可以是任意类型的错误，如节点作恶、说谎等，称为拜占庭类错误，以有别于 crash-down 类错误。假设在一个分布式网络中，全部节点数为 n，系统可能存在 f 个恶意的拜占庭节点，它们可能发送假消息，甚至根本不发送消息回应，只能根据收到的 $n-f$ 个消息做判断。

如果在收到 $n-f+1$ 个节点的消息后再进行处理，而这 f 个恶意的拜占庭节点全部不做回应，那么共识过程根本无法继续下去。为了使共识过程正常进行，在收到 $n-f$ 个消息时，就应该进行处理。但是，在收到的 $n-f$ 个消息中，不能确定有没有拜占庭节点发过来的消息，其中最多可能存在 f 个假消息。必须保证正常的诚实节点数大于恶意的拜占庭节点数，即 $(n-f)-f>f$，从而得出 $n>3f$。PBFT 算法在满足条件 $n>3f$ 的情况下，能对消息达成共识，因此，PBFT 算法能够容忍近 1/3 的错误。

在一个分布式网络中，假设全部节点的数量为 n，恶意节点的数量为 f，PBFT 算法可以确保当恶意节点数量少于全网节点数量的 1/3（即满足 $n \geqslant 3f+1$）时全网对消息达成共识。

3.3.2 PBFT 算法的角色

PBFT 算法中，全部服务器的配置信息称为一个视图（view），在一个视图中主要包含以下三种角色。

（1）客户端（client）：客户端是发送请求的一方。

（2）主节点（primary）：负责接收客户端的请求，并对请求进行排序，在接收到请求后向备份节点广播消息。

（3）备份节点（back-ups）：又称为从节点，接收主节点的信息，验证通过后，执行相应的操作，并将结果返回给客户端。

视图是连续编号的整数，主节点由公式 $p = v \bmod |R|$ 计算得到，这里 v 是视图编号，p 是副本编号，$|R|$ 是副本集合的个数。

主节点也可能是拜占庭节点，它可能会给不同的请求编上相同的序号，或者不去分配序号，或者让相邻的序号不连续。备份节点有职责主动检查这些序号的合法性，并能通过超时机制检测主节点是否已经宕掉。当出现这些异常情况时，就会触发视图切换协议，切换到下一个节点担任主节点。主节点更替不需要选举过程，而是采用轮询方式。

3.3.3 PBFT 算法的共识流程

在 PBFT 算法中，当主节点正常工作时，消息需要经过请求（request）、预准备（pre-prepare）、准备（prepare）、承诺（commit）、答复（reply）五个阶段，如果主节点出错或不能及时处理数据，则启动视图切换协议从备份节点中选择新的主节点继续完成工作。

主节点收到客户端请求 m 后，给请求 m 分配一个序号 n，然后向所有备份节点群发预准备消息，同时将消息记录到 log 中，系统进入共识流程（图 3-6）。预准备消息的格式为 $<<\text{PRE-PREPARE}, v, n, d>, m>$，这里 v 是视图编号，d 是请求消息 m 的哈希值。

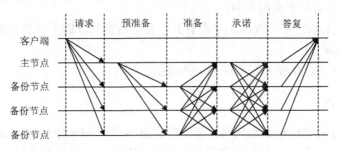

图 3-6　PBFT 算法的共识流程

共识过程由三个阶段构成：预准备、准备和承诺。预准备阶段和准备阶段确保了在同一个视图中，正常节点对于消息 m 达成了全局一致的顺序，用 Order$<v, m, n>$ 表示，在视图 view = v 中，正常节点都会对消息 m 确认一个序号 n。接下来在承诺阶段进行投票，再配合视图切换机制的设计，实现了即使视图切换，也可以保证对于 m 的全局一致顺序，即 Order$<v+1, m, n>$，视图切换到 $v+1$，依然会对消息 m 确认序号 n。

1. 请求阶段

客户端 c 向主节点 p 发送 $<\text{REQUEST}, o, t, c>$ 请求。其中：

o：请求的具体操作。

t：请求时客户端追加的时间戳。

c：客户端标识。

REQUEST：包含消息内容 *m* 及消息摘要 *d*(*m*)。客户端对请求进行签名。

2. 预准备阶段

主节点在收到客户端的请求后，验证客户端请求消息签名是否正确。若是非法请求则丢弃；若正确，则分配一个编号 *n*，编号 *n* 主要用于对客户端的请求进行排序，*n* 要求在某一个区间[h, H]内，然后生成预准备消息<<PRE-PREPARE, *v*, *n*, *d*>, *m*>，并将消息发送给全网备份节点。其中：

v：视图编号。

d：客户端消息摘要。

m：消息内容。

<PRE-PREPARE, *v*, *n*, *d*>进行主节点签名。

备份节点收到预准备消息<<PRE-PREPARE, *v*, *n*, *d*>, *m*>后，会有两种选择：一种是接受，一种是不接受。什么时候才不接受主节点发来的预准备消息呢？一种典型的情况就是消息里的*v*和*n*在之前收到里的消息里出现过，但是*d*和*m*却与之前的消息不一致，或者请求编号 *n* 不在范围内，就会拒绝请求，因为主节点不会发送两条具有相同的 *v* 和 *n*，但 *d* 和 *m* 却不同的消息。

备份节点收到预准备消息后进行消息验证：

（1）消息 *m* 的签名合法性，并且消息 *m* 和哈希值 *d* 相匹配，即 *d*=hash(*m*)。

（2）节点当前处于视图 *v* 中。

（3）节点当前在同一个(*v*, *n*)中没有其他预准备消息，即不存在另外一个 *m'* 和对应的 *d'*，*d'*=hash(*m'*)。

（4）h≤*n*≤H，H 和 h 表示序号 *n* 的范围。

3. 准备阶段

当前节点 *i* 同意请求后会向其他节点发送准备消息 <PREPARE, *v*, *n*, *d*, *i*>，同时将消息记录到 log 中，其中 *i* 表示当前节点的身份。因为同一时刻不是只有一个节点在进行这个过程，可能有其他节点也在进行这个过程，所以当前节点也可能收到其他节点发送的 PREPARE 消息。

当前节点 *i* 收到主节点的 PRE-PREPARE 消息后，需要进行以下验证：

（1）主节点的 PRE-PREPARE 消息签名是否正确。

（2）当前节点 *i* 是否已经收到了一条在同一视图 *v* 中并且编号也是 *n*，但是签名不同的 PRE-PREPARE 信息。

（3）*d* 与 *m* 的摘要是否一致。

（4）*n* 是否在区间[h, H]内。

如果是非法请求则丢弃。如果是正确请求，节点 *i* 则向其他节点（包括主节点）发送一条 <PREPARE, *v*, *n*, *d*, *i*>消息，*v*, *n*, *d*, *i* 与上述 PRE-PREPARE 消息内容相同。同时，节点 *i* 对<PREPARE, *v*, *n*, *d*, *i*>进行签名，并将 PRE-PREPARE 和 PREPARE 消息记录到

log 中，用于视图切换过程中恢复未完成的请求操作。

验证通过后，当前节点 i 将 prepared(m, v, n) 设置为 true。prepared(m, v, n) 代表共识节点认为在(v, n)中对消息 m 的准备阶段是否已经完成。在一定时间范围内，如果收到超过 $2f$ 个其他节点的准备消息，就代表准备阶段已经完成，共识节点 i 发送承诺消息 <COMMIT, v, n, d, i>，系统进入承诺阶段。

4. 承诺阶段

当前节点 i 收到 PREPARE 消息后，需要进行以下验证：

（1）PREPARE 消息签名是否正确。

（2）当前节点 i 是否已经收到了同一视图 v 中的 n。

（3）n 是否在区间[h, H]内。

（4）d 是否和当前已收到的 PRE-PREPARE 消息中的 d 相同。

如果是非法请求则丢弃。如果节点 i 收到了 $2f+1$ 个验证通过的 PREPARE 消息，则向其他节点（包括主节点）发送一条<COMMIT, v, n, d, i>消息，v, n, d, i 与上述 PREPARE 消息内容相同。节点 i 对<COMMIT, v, n, d, i>进行签名，并记录 COMMIT 消息到日志中，用于视图切换过程中恢复未完成的请求操作，同时记录其他节点发送的 PREPARE 消息到 log 中。

5. 答复阶段

当前节点 i 收到 COMMIT 消息，需要进行以下验证：

（1）COMMIT 消息签名是否正确。

（2）当前节点 i 是否已经收到了同一视图 v 中的 n。

（3）d 与 m 的摘要是否一致。

（4）n 是否在区间[h, H]内。

当前节点 i 接收到 $2f$ 个来自其他共识节点的承诺消息<COMMIT, v, n, d, i>，同时将该消息插入 log 中（算上自己的共有 $2f+1$ 个），验证这些承诺消息和自己发的承诺消息的 v, n, d 均一致后，说明当前网络中的大部分节点已经达成共识，共识节点将 committed-local(m, v, n)设置为 true。committed-local(m, v, n)代表共识节点确定消息 m 已经在整个系统中得到至少 $2f+1$ 个节点的共识，这保证了至少有 $f+1$ 个诚实（non-faulty）节点已经对消息 m 达成共识。于是节点就会执行请求，写入数据。

处理完毕后，处理客户端的请求操作 o，返回<REPLY, v, t, c, i, r>给客户端，其中 r 是请求操作结果。客户端如果收到 $f+1$ 个相同的 REPLY 消息，说明客户端发起的请求已经达成全网共识，共识过程完成；否则客户端需要判断是否重新发送请求给主节点。记录其他节点发送的 COMMIT 消息到 log 中。

基于 PBFT 算法，研究者们提出了许多改进算法。PBFT 及其改进算法的应用场景主要在以超级账本 Fabric 为代表的联盟链中。联盟链取消了激励机制，采用 PBFT 算法有助于避免大量算力及电力资源的浪费。

3.4 PoW 算法

本节介绍 PoW 算法。PoW 共识机制是指由随机数计算出不同的哈希值，以寻找小于目标难度系数的哈希值，通过竞争获得记账权。

3.4.1 数学难题

1993 年，辛西娅·德沃克等首先提出了工作量证明（PoW）的概念。1997 年，亚当·巴克设计了哈希现金系统，用于防止邮件系统中的垃圾邮件泛滥。为了过滤垃圾邮件，核心思想就是发送邮件要经过一段时间的处理，也就是说有一定的工作量。例如，运行一小段垃圾程序，人为地造成短暂的延迟，正常邮件几乎不受影响，但由于垃圾邮件发送量大，其发送的速度就大大降低。

2008 年，中本聪在比特币白皮书中宣布在比特币中使用 PoW 机制来决定节点的记账权。在比特币中，每产生 2016 个块比特币就会调整挖矿难度，使出块时间维持在 10 分钟左右。因此，要向区块链中添加新的区块，即获得记账权，节点必须执行一些难题，以保证区块链的安全性和一致性。同时，系统也会为该工作支付一定的报酬，这也就是人们能够通过挖矿来获得比特币的原因。

在 PoW 算法中，通过设置数学难题来提高添加新区块的难度，要求原始信息经过哈希运算之后的结果必须以若干个 0 开头。0 越多，难度越高。可以设置一个目标难度系数 Target，Target 通常是前面为连续若干个 0 的十六进制整数。为了满足 Target 条件，在进行哈希运算时引入了一个随机数变量 nonce，根据哈希函数的特点，对原始信息的微小改动都会对哈希值产生影响，因此，在计算哈希值时，不断改变 nonce 的值，总可以找到一个以若干个 0 开头的哈希值。例如，目标难度系数 Target 要求哈希值的前 4 位必须为 0。hash(前一个区块的哈希值, 交易记录集, nonce) = 0000aFD635BCD 就能满足条件。

网络中只有最快计算出数学难题的节点，即率先找到随机数的节点，才能获得此次添加新区块的权利，而其他节点只能进行复制，这样就保证了整个账本的唯一性。为了保证区块链的出块速度维持在 10 分钟左右，比特币区块链每出现 2016 个区块（大约 14 天）就会对目标难度系数 Target 进行调整，调整公式如下：

$$Target = Target_{pre} * (time(act)/time(exp)) \qquad (3\text{-}1)$$

其中，$Target_{pre}$ 表示当前的目标难度值；time(act)表示产生前 2016 个区块总共花费的时间；time(exp)表示产生 2016 个区块所期望的时间（2016×10 分钟）。SHA256 算法的防强碰撞特性使矿工几乎只能通过大量的运算来争夺记账权。

在比特币区块链中，首先把所有交易打包生成 Merkle 树，计算 Merkle 根的哈希值，然后组装区块头。nonce 值的变动会影响整个区块头的哈希值，挖矿节点尝试不同的 nonce 值（通常从 0 开始每次加 1）。挖矿的难度主要在于通过双重 SHA256 计算来找到一个小于挖矿难度系数 Target 的哈希值。节点先将区块头中的 nonce 值置为 0，再将 nonce 值和区块头中的其他数据作为输入进行双重 SHA256 计算，若计算结果比 Target 小则合格，否则将 nonce 值递增 1 继续计算，直到找到合适的 nonce 值。此过程即为 PoW 算法的共识过程。

3.4.2　新区块验证

在找到合适的 nonce 后，节点将 nonce 记录到区块上，并广播这个区块，其他节点收到这个区块后，只需要执行一次哈希运算就可以验证这个区块是否符合难度要求。一旦符合要求，其他节点放弃竞争该区块，转而进行下一区块的争夺。如果全网 51%以上的节点都接收了这个区块，全网便达成共识。成功找出这个 nonce 的矿工，将获得比特币奖励。

任何节点的作弊行为都不能通过网络中其他节点对新区块的验证，这样会直接丢弃该区块而无法记录到区块链中。在高昂的挖矿成本下，矿工们有动力自觉遵守比特币系统的共识协议，这样就确保了整个系统的安全。

3.4.3　最长链法则

一般情况下，拥有最多区块的那条链称为主链，每个节点总是选择并尝试延长主链。但在实际过程中往往会出现多个节点在几乎相同的时间内，各自都计算出满足 Target 条件的哈希值，并将自己生成的新区块先传播给邻近节点，然后传播到整个网络中。每个收到有效新区块的节点都会将其纳入并延长区块链。

这几个区块在传播时几乎包含相同的交易，都可以作为主链的延伸，此时就会分叉出有竞争关系的几条链，如图 3-7 所示。

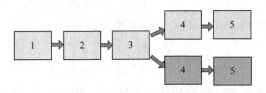

图 3-7　区块链分叉的情况

但是，总有一条链会抢先发现新的 PoW 解并将其传播出去，此时原本以其他链求解的节点在接收到这样一条更长链时，就会抛弃它当前的链，把新的更长的链全部复制回来，在这条链的基础上继续挖矿。当所有节点都这样操作时，这条链就成为主链，分叉出来被抛弃掉的链就消失了，如图 3-8 所示。

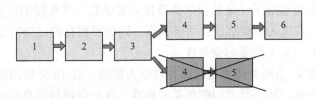

图 3-8　区块链主链的形成

区块产生的时间间隔缩短会使交易确认更快完成，也导致了区块链更加频繁分叉。

较长的时间间隔会减少分叉，却会导致确认时间的延长。比特币在更快速的交易确认和更低的分叉概率之间做出了一个折中的选择，将区块生成的时间间隔设计为 10 分钟。

3.4.4 PoW 算法的安全性

假设攻击者在主链上开辟了另外一条链，称为攻击链。攻击者成功填补某一既定差距的可能性，可以近似地看作赌徒破产问题（gambler's ruin problem）。根据最长链机制，攻击链要赶超主链才能成功，则其概率计算公式如下：

$$P_z = \begin{cases} 1, & q \geqslant p \\ \left(\dfrac{q}{p} \right)^z, & q < p \end{cases} \tag{3-2}$$

其中，p 为诚实节点制造出下一个区块的概率；q 为攻击节点制造出下一个区块的概率；P_z 为攻击者最终消除了 z 个区块的差距，超过攻击链的概率。

假设诚实区块将耗费平均预期时间产生一个区块，那么攻击者的潜在进展就是一个泊松分布，分布的期望值计算公式如下：

$$\lambda = z \frac{q}{p} \tag{3-3}$$

因此，为了计算攻击者追赶上的概率，需要将攻击者取得进展区块数量的泊松分布的概率密度与在该数量下攻击者依然能够追赶上的概率相乘，得到下式：

$$\sum_{k=0}^{\infty} \frac{\lambda^k e^{-\lambda}}{k!} \begin{cases} \left(\dfrac{q}{p} \right)^{(z-k)}, & k < z \\ 1, & k \geqslant z \end{cases} \tag{3-4}$$

为了避免对无限数列求和，将式（3-3）简化如下：

$$P = 1 - \sum_{k=0}^{z} \frac{\lambda^k e^{-\lambda}}{k!} \left[1 - \left(\frac{q}{p} \right)^{n-k} \right] \tag{3-5}$$

经计算可得，在恶意攻击节点的算力不足 50% 的情况下，随着 z 的增加，其成功实现攻击的概率呈指数级减小。一般情况下，比特币取 z 为 6，即一个新区块产生后，后面再跟 6 个区块，该区块里的交易才算安全。为了降低分叉的风险，以及等待足够多的区块确认，采用 PoW 共识算法的区块链的吞吐量都受到了限制，但可扩展性非常好，节点可以自由加入或退出。

PoW 机制的引入将记账权分配给全网所有节点，节点通过竞争算力来获得记账权，获得记账权的节点会被给予一定的数字货币作为贡献算力等资源的奖励，有助于实现区块链的去中心化，若有人想要篡改区块链数据，则需要拥有超过全网 51% 的算力，这是很难实现的，因此保证了交易的安全性。

然而，PoW 算法也浪费了大量的算力与电力资源，且 10 分钟的出块时间限制了其在商业应用中的价值，特别是专门的矿机的出现，这个问题显得愈发严重。另外，随着矿机算力的快速增强，算力几乎集中在各大矿池，这不仅与去中心化的初衷相悖，还增加了 51% 算力攻击的风险。

PoW 共识机制被应用在除比特币之外的各平台中，如现阶段的以太坊、狗狗币（Dogecoin）、莱特币等。

3.4.5 基于比特币 PoW 算法的改进

比特币目前产生一个区块需要 10 分钟，一笔交易确认完成（6 个区块确认后）需要 1 小时。另外，PoW 算法发展到今天，算力的提供已经不再是单纯的 CPU 了，而是逐步发展到 GPU（graphic processing unit，图形处理器）、FPGA（field programmable gate array，现场可编程门阵列）乃至 ASIC（application specific integrated circuit，专用集成电路）矿机，资源浪费严重。用户也从个人挖矿发展到大的矿池、矿场，算力集中越来越明显。所以针对比特币 PoW 算法出现的问题，一系列 PoX 框架类的共识算法被提出来以改进或取代基于 PoW 的共识框架。

针对 PoW 算法的改进主要集中在提高区块链的交易处理能力，抵御矿机以避免算力集中化，并将算力消耗在有用的方面。

1. 提高交易处理能力

比特币为了保障系统的稳定性和安全性，平均每 10 分钟产生一个区块，并且区块的大小不能超过 1MB。由于这样的一些限制，比特币的吞吐量大约 7TPS（transaction per second，每秒交易数），实际只有 3～4TPS，远远不能满足当前大部分系统的需求。

限制比特币吞吐量性能的因素有两个：一个是区块的大小，另一个是出块速度。增加区块的大小可以增加一个区块容纳的交易数，从而增加吞吐量，但这也导致区块的传播时延增加。提高出块速度，可以降低交易的确认延迟，但是这样会导致分叉更频繁，系统的安全性大大降低。

为了降低系统延迟并提高系统吞吐量，以色列学者 Ittay Eyal 等提出了一种新的扩容方案——Bitcoin-NG 协议，该协议是基于比特币相同信任模型的可扩展的区块链协议。

针对传统的 PoW 共识机制交易效率低下、数据确认时间较长等缺点，Yonatan Sompolinsky 与 Aviv Zohar 提出 GHOST（the greedy heaviest-observed sub-tree，贪婪最重可观测子树）算法，俗称幽灵协议。若系统基于 GHOST 准则对主链进行选择，则在通过增大区块容量或缩短区间间隔以提高区块链吞吐量的同时，系统安全性得到一定程度的保障。

还有一些方案利用侧链和分片技术来增强区块链的交易处理能力。以比特币区块链作为主链（parent chain），其他区块链作为侧链，二者通过双向挂钩（two-way peg），可实现比特币从主链转移到侧链进行流通，同时可借助中本聪采用的简单支付来验证一个交易。侧链机制可将一些定制化或高频的交易放到比特币主链之外进行，实现比特币区块链的扩展。另外，受分布式数据库和云计算系统的启发，分片的概念也被应用于区块链网络。用与侧链网络类似的分片方法将全局区块链状态划分为并行子集，并且每个分片由节点的子组而不是整个网络来维护。为了提高吞吐量以及保留公有链的开放成员资格，可以按照混合协议的类似过程构建多个 BFT 委员会。

2016 年，Luu 等提出的 Elastico 共识机制通过分片技术来增强区块链的扩展性，其思路是将挖矿网络以可证明安全的方式隔离为多个分片，这些分片并行地处理互不相交的交易集合。Elastico 是第一个拜占庭容错的安全分片协议。2017 年，OmniLedger 进一步借鉴 ByzCoin 和 Elastico 协议，设计并提出名为 ByzCoinX 的拜占庭容错协议，它通过并行跨分片交易处理优化区块链性能，是第一种能够提供水平扩展性而不必牺牲长期安全性和去中心性的分布式账本架构。

2. 有用工作量证明

在哈希运算求解合适随机数的过程中，算力竞争消耗的电力巨大，这引发了一个明显的问题：这些用来解谜运算的工作量是否可以对社会有贡献。因此，就出现了利用其他有用计算进行算力竞争的方法，也称为有用工作量证明（proof of useful work，PoUW）。例如，质数币（primecoin）中的算力竞争旨在为质数找到一个坎宁安链（Cunningham chain），坎宁安链是指 K 个质数的序列 $P_1, P_2, \cdots, P_k$，使 $P_k = 2P_{i-1}+1$。一个被广泛认可但没有被证明过的理论认为，存在一条任意的长度为 k 的坎宁安链。质数币将此理论变成一个可计算的解谜算法，而且满足区块链谜题的计算难度大、校验容易等属性。

另一种有用的工作量证明为存储量证明（proof of storage），也称为恢复性证明（proof of retrievability，PoR）。它设计了一个需要存储大量数据而被运算的解谜算法。当这些大数据具有实际用途时，矿工在挖矿硬件等设备的投资就可以被用于大范围分布式存储和归档系统。永久币（Permacoin）就是第一个用于共识机制的存储量证明方案，文件分发者将大数据文件分成很多顺序片段并发布由这些片段作为 Merkle 树上子节点生成的 Merkle 根。每个矿工要存储的文件子块集合要根据矿工自己的公钥生成。由于每个矿工的公钥是不重复的，这样就保证了足够的均匀性，使一个大文件均匀地被存储在各个矿工那里。所以基于存储量证明的挖矿行为在标准的基于工作量证明之外，还必须提供其确实存储了指定的文件子块的证据。

3. 抵御 ASIC 矿机

为了缓解 ASIC 矿机大规模使用导致的算力集中问题，Zcash 和以太坊都采用了 Memory-Hard PoW。这种策略使挖矿效率与内存大小有关，从而使 GPU、ASIC 矿机等相对于 PC 并无明显挖矿运算优势。Zcash 的挖矿算法采用 Equihash 算法。Equihash 算法基于广义生日悖论问题，是一种面向内存的工作量证明，它的设计使并行实现因内存带宽而出现瓶颈，因此更适合于具有大量内存的通用计算机，而不是特殊的硬件芯片。

Ethash 算法是目前以太坊采用的基于 PoW 的共识算法，该算法引入 I/O 阻塞和有向无环图（directed acyclic graph，DAG）等，要求矿工基于 DAG 切片、交易、收据和加密随机数等生成低于动态目标的混合哈希值，这种算法要求频繁读取内存，其特点是挖矿的效率基本与 GPU 无关，却和内存大小及内存带宽正相关。所以通过共享内存的方式大规模部署的 ASIC 矿机并不能在挖矿效率上有线性或者超线性的增长，使 Ethash 具有抵御 ASIC 矿机的特点。同时通过动态调整的方式使整个网络每 15 秒左右产生一个区块，与比特币相比缩短了交易时间。

表 3-2 所示为基于 PoW 共识算法的改进算法比较。

表 3-2 基于 PoW 共识算法的改进算法比较

算法名称	设计基础	设计目标	谜题特性	网络实现
Bitcoin-NG	两种类型的区块	提高吞吐量	PoW 谜题	无
Elastico	分片技术	增强扩展性	PoW 谜题	无
PoUW	寻找坎宁安链	将算力用在有用的方面	顺序搜寻	质数币
Proof of Retrievability	Merkle 树上文档碎片	分布式存储	两阶段挑战	永久币
Equihash	广义生日悖论	抵抗 ASIC 矿机	Memory-hard	Zcash
Ethash	DAG	抵抗 ASIC 矿机，提高区块生成速度	Memory-hard	以太坊

3.4.6 Bitcoin-NG

在传统的 PoW 共识机制下，约 10 分钟的区块间隔是导致系统延迟的主要原因，系统在这 10 分钟内处于冻结状态。Bitcoin-NG 共识机制能对这段时间进行充分利用。在 Bitcoin-NG 共识机制中，每个时间单元（epoch）依旧为 10 分钟，但在每个时间单元内，对区块的操作也被分成两个阶段：领导者选择（leader election）和交易序列化（transaction serialization），并产生两类区块：关键区块（key block）和包含账本记录的微区块（micro block）。

Bitcoin-NG 的领导者选择阶段是通过算力竞争选出领导者，领导者所挖出的区块被定义为关键区块。不同于传统区块链中的区块单元，关键区块内并不包含交易信息。该时间单元的领导者一旦被选定，其任务便是在下一时间单元的领导者出现之前，通过连续生成一系列微区块来广播他所收集到的交易信息。微区块有两个基本特征：①微区块的容量与生成速率均有上限；②生成微区块不需要消耗算力，因此微区块不包含工作量证明。

为了尽可能提高区块链系统的吞吐量，确保尽可能多的微区块上的交易信息进入主链，Bitcoin-NG 共识机制需要激励矿工遵循以下挖矿原则：首先，从微区块而非关键区块开始继续挖矿；其次，从尽可能靠后的微区块往下挖矿。为了达到激励目标，Ittay Eyal 等的设计如下：将每个时间单元内的挖矿报酬与广播交易的报酬在当前区块的领导者与挖出下一个关键区块的领导者之间进行分配，并且将分配比例调节到某个适当的区间（图 3-9）。

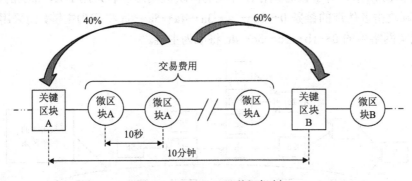

图 3-9 Bitcoin-NG 共识机制

由于 Bitcoin-NG 的领导者选取阶段是基于 PoW 算力竞争准则的，所以分叉的出现依然不可避免。具体来说，可能出现两种类型的分叉。

1. 和微区块相关的分叉

由于微区块的生成速度较快，节点可能无法接收到当前领导者生成的所有微区块，所以不少矿工节点会接着不同的微区块继续往下挖矿，从而产生分叉。但考虑到微区块并不包含工作量证明，它们对其所在区块链的权重不起作用，一旦下一个关键区块被挖出，包含关键区块的分链便成为主链，因此这种分叉的持续时间并不长。

2. 和关键区块相关的分叉

若两个关键区块被同时挖出，也会产生分叉。这一类分叉持续时间长，但发生概率非常低。

Ittay Eyal 等在 15% 的比特币操作系统（约 1000 个节点）中进行大规模实验，发现应用 Bitcoin-NG 共识机制的区块链系统具有良好的可扩展性，能够显著降低系统延迟，并同时提高网络吞吐量。此外，若采用 Bitcoin-NG 共识机制，则传输带宽（吞吐量）仅由网络节点的计算能力决定，系统延迟仅被网络传输速度所限制。然而，Bitcoin-NG 共识机制仍不能很好地解决双花问题。

3.4.7　GHOST-PoW 共识机制

若采用最长链选择准则，50%攻击是否成功取决于诚实网络中的最长链与攻击者正在伪造的链条之间的长度竞争。然而，诚实网络中的非最长链上的区块并不会对竞争结果产生任何实质性的影响。如果这部分原本不起作用的区块上的工作量也被考虑进来，则诚实网络中所有被挖出的区块都能为诚实主链战胜攻击者正在伪造的链条贡献一份力量，从而降低 50%攻击成功的概率。具体说来，GHOST 准则选择主链的方式是：将某一时刻高度分叉的区块链网络视为一棵"区块树"，每一分叉处，有多个暂时处于并列地位的区块。若分别以这些区块为根节点，则可以进一步形成多个子区块树。GHOST 准则中将子区块根节点的权重定义为每一子区块树中所含区块的个数。不同于选择至根节点最长链的 PoW 准则，GHOST 准则依次选择权重最大的子区块树根节点进入主链。

如图 3-10 所示，对于该时刻存在分叉的区块链网络，若采用 PoW 算法的最长链选择方法，则攻击者伪造的链条 0←1a←2a←3a←4a←5a←6a 将成为主链，而采用 GHOST 方法，诚实网络中的 0←1b←2c←3c←4c 将成为主链。

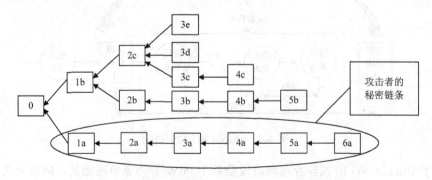

图 3-10　PoW 算法的最长链和 GHOST 方法下的主链选择对比

Yonatan Sompolinsky 与 Aviv Zohar 严格证明了 GHOST-PoW 所具备的两个主要性质。首先，该算法保持了传统 PoW 所具有的交易的最终一致性，即在概率意义上，经过足够长的时间，所有节点都能够对交易数据达成共识。其次，存在一个临界值，若攻击者与诚实矿工的挖矿速度之比大于该临界值，无论目前需要超过的主链有多长，攻击者最终总会成功。该临界值被称为安全阈值。可以看出，安全阈值越大，网络的安全性越高。传统 PoW 区块链网络的安全阈值小于 1，而在 GHOST-PoW 共识机制下的区块链网络的安全阈值被提高到 1。因此，GHOST-PoW 共识机制在保证区块链安全性的基础上，能较为放心地通过加快区块产生速度或增加区块大小来提高区块链吞吐量。目前，GHOST 主链选择方法已经在以太坊区块链平台得到应用。

然而，GHOST 主链选择方法也有其局限性。若采用最长链准则，任何时刻全网至少存在一个节点可以正确判断当前区块链的主链，即最先挖出区块的节点；但如果采用GHOST 方法作为准则进行链条选择，可能出现全网所有节点均不能判断当前区块主链的时刻。所以，GHOST 方法需要节点了解当前区块链"树"的全貌，才能判断出区块主链，实际中可能任何一个网络节点都无法及时获得充分的信息对主链做出判断。因此，将 GHOST 主链选择准则应用到大规模系统中仍然是一个挑战。

3.5 PoS 算法

3.5.1 PoS 算法的基本思想

比特币采用的 PoW 共识算法中哈希解谜的挖矿过程需要消耗大量能源，研究人员思考是否可以采用虚拟挖矿（virtual mining）代替基于算力的挖矿。虚拟挖矿指的是一类对参与的矿工只要求少量的计算资源的挖矿方法，旨在减少资源浪费。PoS 算法是常用的虚拟挖矿共识算法。

PoS 算法采用权益证明来取代 PoW 算法中的基于哈希算力的工作量证明，由系统中具有最高权益而非最高算力的节点获得区块记账权。权益体现为节点对特定数量货币的所有权，称为币龄（coin age）。币龄是区块链的一个重要的概念，即每笔交易的金额（币）乘以这笔交易的币在账上留存的时间（天）。例如，花了一笔 100 天以前收到的 10 比特币，这笔交易的币龄就是 1000。

2012 年，点点币被推出，该数字加密货币首次采用 PoS 机制作为全网共识机制，一定程度上缓解了 PoW 算法算力和电力资源消耗的问题。但 PoS 算法延续了 PoW 算法的竞争理念，只不过相对于 PoW 算法中 nonce 字段的大搜索空间而言，PoS 算法将搜索空间限制在一个计算量可接受的范围内。

2012 年，Sunny King 推出了点点币，采用 PoW 算法发行新币，采用 PoS 算法维护网络安全，即 PoW+PoS 机制。该机制中，区块被分成两种类型：PoW 区块及 PoS 区块。在 PoS 区块中区块持有人可以消耗他的币龄（交易输入和输出都是自己）获得利息，同时获得为网络产生一个区块和用 PoS 区块造币的优先权。PoS 区块的第一次输入被称为核心输入，核心消耗的币龄越多，找到有效区块的难度就会越低，而 PoW 区块的每个节点都具有相同的目标值。PoS 区块的产生具有随机性，其过程与 PoW 区块相似，但一个重要的区别在于，PoS 哈希运算是在一个有限制的空间里完成的，而不是像 PoW 区块那样在无限制的空间里寻找，因此无须大量的能源消耗。PoS 算法还有一种新型的造币过程，PoS 区块将根据所消耗的币龄产生利息，设计时设定了每币一年将产生 1 分的利息，以避免将来的通胀。在造币初期时保留了 PoW 算法，使最初的造币更加方便。

PoS 算法的共识过程与 PoW 算法一致，唯一的不同是解决的数学问题不同。PoS 算法引入了"币龄"的概念，将币龄作为权益，即

$$\text{Coinage} = \text{Coin} \times \text{Age} \tag{3-6}$$

其中，Coinage 为币龄；Coin 为持有的货币数量；Age 为货币持续持有的时间。

例如，某人在一笔交易中持有 100 个币，共持有 30 天，那么币龄为 100×30=3000。后来发现了一个 PoS 区块，币龄被清空为 0。假设利率为 0.05，获得利息为 0.05×3000/365=0.41币。

通过减小搜索空间以及引入币龄，PoS 算法将数学问题设计为

$$F(\text{BlockHeader}|\text{TimeStamp}) < \text{Target} \times \text{Weight} \tag{3-7}$$

其中，F 为双重 SHA256 哈希运算函数；BlockHeader 为区块头数据，其中包含 TimeStamp 字段，取值范围是上一个区块时间和当前时间之间，远小于 PoW 中 nonce 字段的搜索空间；Weight 是用于竞争所消耗的币龄权重；Target 是目标哈希值，与 PoW 中的 Target 相同。

在 PoS 网络中，前期通常会通过 PoW 机制发行一定数量的代币作为起始货币，在之后的 PoS 机制中矿工在挖矿时需要投入自己的币龄，投入的币龄越多，挖矿的难度就越低，在成功出块后投入的币龄会被清空以保障公平性。

与 PoW 算法相比，PoS 算法的数学问题中自变量的搜索空间减小，同时由于在不等式（3-7）右侧引入币龄权重 Weight，对于同一目标难度 Target，在每轮竞争中所投入的币龄越多，权重越大，竞争中获胜的概率也越大。

PoS 将算力竞争转化为权益竞争，缩短了出块时间，提高了交易的处理速度和吞吐量，节约了算力。而且权益的引入能够防止节点发动恶意攻击，这促使所有节点有责任维护区块链的安全稳定运行以保障自身权益。若想在 PoS 网络中发起对主链的攻击行为，则需要攻击者持有大量代币，而事实证明有这样能力的用户做出恶意行为所得到的收益远远小于他作为一个诚实节点所得到的收益，因此 PoS 机制通过捆绑用户切身利益来保证交易的安全。

3.5.2 PoS 算法的改进

根据 PoS 算法的设计策略，PoS 算法主要分为两大类。一类是基于链的 PoS（chain-based proof of stake），主要是模仿 PoW 算法的证明机制，通过伪随机赋予权益相关者创建新区块的权利来模拟挖掘，典型的代表有 Peercoin、Blackcoin 等。另一类是基于 BFT 的 PoS（BFT-based proof of stake），将 BFT 算法结合到 PoS 算法中。BFT 算法通常具有经过验证的数学特性，只要协议参与者的 2/3 以上节点都诚实地遵照协议，不管网络延迟有多大，算法都能保证最终状态不会出现冲突区块。基于 BFT 算法来设计 PoS 算法

的思想最初在 Tendermint 中提出，以太坊 2.0 中的 Casper 对其做了一些修改完善。

PoS 算法的主要问题是所谓的无利害关系（nothing at stake）。在 PoW 算法的挖矿过程中，一次失败会有非常高的机会成本，如浪费电力和运营设备投入。但在 PoS 算法采取的虚拟挖矿里，这个机会成本可以忽略不计。如果链发生了分叉，任何验证者的最优策略是在每个链上都进行验证，以便获得奖励，而不考虑分叉的结果。因此需要一种协议机制可以在实现 PoS 算法的同时减少无利害关系问题。

Casper FFG（casper the friendly finality gadget）由 Buterin 和 Griffith 提出。Casper FFG 的区块产生仍然依赖于以太坊的 Ethash 工作量证明算法，但是每隔 50 个区块会出现一个检查点，验证者通过 PoS 方式对检查点完成最终确定。

要成为验证者的成员，首先需要将持有的以太币押注到 Casper FFG 的智能合约中。在验证者选择过程中，节点被选中的概率与押注的以太币数量成正比。被选中的验证者验证检查点，每个检查点需要经过预确认、最终确认两轮验证才能完成最终确认，每一轮中需要得到不少于 2/3 验证者的合法投票。经过最终确认的检查点作为合法的当前状态，能够被新加入节点成功获取。

Casper FFG 的押注机制主要解决 PoS 共识可能面临的无利害关系问题。如果节点尝试实施无利害关系攻击，则节点的保证金将被没收。与此同时，Casper FFG 对离线矿工采取了一定的惩罚机制，使节点有充分的理由保持在线，维护以太坊网络的安全性。

Casper FFG 对 PoS 算法的关于无利害关系的完善细节如下。

（1）验证者将拿出拥有的一定比例的以太币作为保证金。

（2）开始验证区块。当发现一个认为可以被加到链上的区块时，将通过押下保证金来验证它。

（3）当该区块被加到链上后，验证者将得到一个与自己的赌注成比例的奖励。

（4）当一个验证者采用恶意行动，试图做无利害关系的事时，则立即遭到惩罚，所有的权益都会被砍掉。

Casper FFG 在解决无利害关系问题的同时，也存在一些不足之处，可能导致很多节点参与押赌注验证区块的积极性降低，宁愿选择不作为。2017 年，Kiayias 等提出基于 PoS 的 Ouroboros 共识算法，引入了一种新的奖励机制，用于激励节点加入区块链，实现近似的纳什均衡，通过这种设计可以减轻节点区块截留和私自挖矿的攻击。

3.5.3　PoS 算法的特点

相比于 PoW 共识机制，PoS 共识机制有很多的优势。

1. 性能

PoS 共识机制的最大优势就是比 PoW 共识机制节省了算力。PoS 算法是没有算力竞争过程的，它通过使用股份权益这样的虚拟绿色资源进行记账权的竞争，大大缩短了全网达成共识的时间，而不用花大量的算力去解题，所以记账过程几乎没有能耗。而 PoW 共识机制就不同，其能耗巨大。

PoS 共识机制的另一个优势是超短的出块时间。比特币产生一个区块需要 10 分钟，而 EOS 出块时间已经缩短到 1 秒内，完全不在一个数量级上。

2. 公平性

PoW 本身是没有准入门槛的，但是随着挖矿硬件越来越专业化，普通用户用 CPU 基本挖不到比特币了，专业化的大型矿池成为挖矿的主力。PoS 共识机制较 PoW 共识机制更为公平，它维护了持有货币数较少但资格更老的小股东的利益，使这些小股东能与持币时间短但持币数额大的年轻股东抗衡。另外，PoS 共识机制通过清空币龄，解决了 PoW 算力集中的问题。

但是 PoS 算法本质上还是需要通过哈希运算来竞争记账权的，而且币龄的存在也降低了数字货币的流通性，新区块的生成趋向于权益高的节点。

3.5.4　基于虚拟挖矿的共识算法

基于虚拟挖矿，除了 PoS 共识算法，研究者又相继提出了消逝时间证明（PoET）和运气证明（proof of luck，PoL）等共识算法。PoET 和 PoL 是基于特定的可信执行环境（TEE）的随机共识算法。

PoET 理念是由芯片巨头 Intel 于 2016 年为解决"随机领导者选举"的计算问题而提出的。它依赖于特定的硬件 SGX，确保了可信代码运行在安全环境中，并不可被其他外部参与者更改。它也确保了结果可被外部参与者和实体验证，进而提高了网络共识的透明度。超级账本 Sawtooth 应用了基于 Intel SGX 可信硬件的 PoET 机制，共识过程为每个验证节点从可信任函数（enclave）中获得一个等待时间，拥有最短等待时间的节点被选举为被记账节点，而 SGX 可帮助验证节点创建区块，生成该等待时间的证明，且此证明易于被其他节点验证。PoET 领导者选举过程满足彩票算法的标准，确保领导者选举过程的安全性和随机性，并且避免了电力浪费。

PoET 的工作机制如下：网络中的每个参与节点都必须等待一个随机选取的时间，首个完成设定等待时间的节点将获得一个新区块。区块链网络中的每个节点会生成一个随机的等待时间，并休眠一个设定的时间。最先被唤醒的节点（即具有最短等待时间的节点）向区块链提交一个新区块，然后广播必要的信息到整个对等网络中。同一过程将会重复，以发现下一个区块。

在 PoET 网络共识机制中，需要确保两个重要因素：第一，参与节点在本质上会自然地选取一个随机的时间，而不是某一个参与者为胜出而故意选取了较短的时间；第二，胜出者的确完成了等待时间。

PoL 共识也基于 TEE 平台生成随机数来选择一个领导者记账，从而提供了低延迟交易验证、确定性确认时间、可忽略的能源消耗和公平分布式挖矿。

3.6　DPoS 算法

2014 年 4 月，Dan Larimer 首先提出了股份授权证明（DPoS）算法，在 DPoS 中融合了民主选举的理念。DPoS 共识算法尝试解决 PoW 算法和 PoS 算法存在的问题，通过实施去中心化的民主方式，每个币相当于一张选票，持有币的人可以根据自己持有币的数量，将若干选票投给自己信任的受托人。系统会选出获得投票数量最多的 N 个人作为系统受托人，他们负责签署（生产）区块，且在每个区块被签署之前，必须先验证前一个区块已经被受信任节点签署。

比特股结合委托投票制度对 PoS 共识机制做出重大改进，提出 DPoS 共识机制。在 DPoS 共识机制中，代表者称为见证人，由见证人按顺序轮流产生区块，其他见证人验证区块。

DPoS 共识机制通过选举见证人行使权利，具体流程如下。

1. 选举出块者

权益持有者投票选举见证人。见证人在系统中保持中立，每 24 小时更新一次，其收益由权益持有者投票决定。比特股可以有任意数量的见证人，EOS 每轮见证人的数量设置为 21，票数最多的前 20 人自动当选见证人，剩余 1 人随机选出，见证人需要 100% 在线。

2. 提出区块

见证人产生区块并对区块签名和添加时间戳，再在系统中广播新产生的区块，如果见证人在某个时隙没有产生区块，则该时隙将被跳过，产生区块的权利交给下一个见证人。比特股中每 2 秒产生一个区块，EOS 中每 3 秒产生一个区块。

3. 验证区块并更新区块链

其他见证人负责验证新产生区块的合法性。比特股中 N 个见证人验证通过就可上链（要求 N 个见证人代表的投票权之和大于 50%），EOS 中半数以上的见证人验证通过就可以上链。

DPoS 共识机制能够对交易进行秒级验证，并在短时间内提供比现有股权证明系统更高的安全性，抵抗小于 51% 权益的攻击。对系统的任何更改（包括版本更新、添加新功能、对权益的修改等）都必须由大于 51% 权益持有者同意。见证人按顺序产生区块，意味着一笔交易从广播开始直至经过 1/2 区块时间被确认的概率为 99.9%。在 DPoS 共识机制下，见证人产生一个新区块，才表示他对之前的整条区块链进行了确认，表明这个见证人认可目前的整条链。一个交易要达到不可逆状态，需要 2/3 以上的见证人确认。因此，DPoS 定义了一个最新不可逆区块（last irreversible block）的概念：当某个区块已经被 2/3 的见证人认可（意味着这个区块后跟着另外 2/3 的见证人出的块），这个块就会成为最新不可逆区块。在连续丢失 2 个区块后，有 95% 的确认节点处于分叉中，在连续丢失 3 个区块后就有 99% 的确认节点处于分叉中。

DPoS 共识算法的出现避免了算力、电力等资源的浪费，它采用民主投票的方式保障了节点的利益，出块速度的加快提高了交易速度和吞吐量。理论上 EOS 的吞吐量可达百万级，但是选举见证人需要消耗大量资源，实际应用中吞吐量不理想，且区块的产生依赖于 21 个见证人，不可避免地带来一定程度的中心化现象，对区块链的安全产生威胁。

3.7 主流共识算法的性能对比

表 3-3 列出了几种主流共识算法的性能对比。

表 3-3   主流共识算法的性能对比

共识算法	PBFT	PoW	PoS	DPoS
去中心化程度	低	高	高	低
攻击者模型	$N \geqslant 3f+1$	$N \geqslant 2f+1$	$N \geqslant 2f+1$	$N \geqslant 2f+1$
吞吐量/TPS	≤3000	≤10	<1000	>1000
时延/s	<10	600	60	—

区块链的共识机制不仅包括基于单一算法的共识机制，还有混合共识机制，例如，基于 PoW 与 PoS 的共识机制。基于 PoW 与 PoS 的共识机制有两种类型：一种是浅结合，即第一阶段使用 PoW 共识机制，达到预定目标后，进入第二阶段使用 PoS 共识机制（不再使用 PoW 共识机制），每次共识过程中只使用一种共识机制（PoW 共识机制或者 PoS 共识机制），如 Ethereum、Peercoin、Blackcoin 等；另一种是深结合，即每次共识过程同时使用 PoW 共识机制和 PoS 共识机制，如 PoA。浅结合类型的共识机制原理、现实世界模型、流程和性能对应每个阶段的单一共识机制；深结合类型的共识机制流程和性能取决于混合共识机制，但由于深结合类型的共识机制模型比较复杂，因此并未对应现实世界模型。

共识算法作为区块链系统的关键技术之一，已成为当前信息领域的一个新研究热点。许多新的共识算法仍在不断研究和完善中。未来，区块链共识算法的研究趋势将主要集中于区块链共识算法性能评估、共识算法-激励机制的适配优化，以及新型区块链结构下的共识创新等方面。

第 4 章
智 能 合 约

　　智能合约是分布式账本技术的关键组成部分，随着分布式账本技术的快速发展，特别是区块链大规模的部署和应用，智能合约受到了人们的重点关注。智能合约作为第二代区块链的技术核心，是区块链从虚拟货币、金融交易到通用平台发展的必然结果。智能合约极大地丰富了区块链的功能表达，使得通信应用开发更加便利，近年来已引起学术界与工业界的广泛关注。

　　支持智能合约运行的区块链平台很多，如 EOS、BCOS(be credible, open & secure, 可信、开放和安全)、Fabric、CITA（cryptape inter-enterprise trust automation，加密企业间信任自动化）等，其中规模最大、历史最久同时最具影响力的是以太坊。以太坊通过建立一个图灵完备的、可以允许开发人员编写任意智能合约和去中心化应用（DAPP）的平台而广受欢迎。

4.1 智能合约概述

4.1.1 智能合约概念的提出

智能合约早在 1995 年就由尼克·萨博首次提出，他还对智能合约给出了明确的定义。智能合约有许多非形式化的定义，尼克·萨博创造性地提出，智能合约就是执行合约条款的可计算交易协议。智能合约不只是一个可以在区块链中自动执行的程序，它本身就是一个系统参与者，可以对信息进行接收和回应，也可以存储和收发资产。智能合约的目的在于以数字形式定义一个合同，当参与方满足合同所需的条件时，计算机自动执行该合同内容。智能合约不仅是以数字化形式定义的承诺，而且是由计算机执行合约条款的交易协议。

自动售货机、自动刷卡机（point of sales，POS）、电子数据交换市场（electronic data interchange，EDI）都可看作智能合约的雏形。例如，可通过自动售货机来理解和认识智能合约。自动售货机在运行正常且货源充足的情况下，一旦被投入硬币，将触发既定的履约行为，即售出购买者所选择的饮料。这是一套最简单的"if…then…"程序。然而，受当时的技术条件所限，智能合约的概念在当时只是一个理论上的构想。随着比特币的底层技术区块链的兴起，智能合约的构想有了相应的技术基础。

狭义来讲，智能合约是涉及相关商业逻辑和算法的程序代码，把人、法律协议和网络之间的复杂关系程序化了。智能合约就是部署并运行在区块链中的计算机程序。智能合约的代码执行的中间状态及执行结果都会存储在区块链中，区块链除保证这些数据不被篡改外，还会通过每个节点以相同的输入执行智能合约来验证运行结果的正确性。广义来讲，智能合约就是一套数字形式的可自动执行的计算机协议，一旦部署就能实现自我执行和自我验证，已经不再局限于金融领域，在分布式计算、物联网等领域也有广阔的应用前景。

从计算机科学的角度出发，智能合约为一组以数字形式定义的承诺，包括参与实体可以执行这些承诺的协议。数字形式说明智能合约由代码构成，并将自动、诚实地执行。承诺表明智能合约的目的，包括合约条款和操作。协议是约束合约参与实体行为的规则。由智能合约的定义可将其用一个二元组来表示，即

$$SC = \{C, P\} \tag{4-1}$$

其中，SC 表示智能合约；C 表示一组以数字形式定义的承诺；P 表示参与实体可以执行这些承诺的协议。

4.1.2 智能合约与区块链

智能合约的实现与区块链技术的支持密不可分。首先，区块链技术所具有的去中心化、透明性等特征，为智能合约的实现提供了一个公开透明的执行环境；其次，合约的内容被程序语言逻辑"翻译"成合约代码后，可以部署在特定区块链系统上，随后，系统便可以按照既定的顺序，以一种可验证的方式自动执行合约内容；再次，由于区块链

运行环境的自由化，人们可以自主地创建合约化、去中心化的应用程序，并自由设定交易规则和方式；最后，由于区块本身数据结构的不可篡改性，违约的成本非常高昂，而全程自动且无法干预的技术设置，也能够有效地排除人为因素的影响。除上述特征外，由于智能合约既不需要法院或仲裁机构等中介组织帮助执行合约，也不必由于对合约条款有不同的理解而多次烦琐地解释合约条款，并能够排除在跨境交易中的语言、法律或经济政策的不当干扰，促进跨境交易的方便化和快捷化。

区块链的这种共识验证机制，保证了智能合约的不可篡改性和可追溯等特性，从而使它有了被法律认可的可能。但是由于技术条件等的限制，这一概念当时并未实现。随着近年来区块链技术的逐渐成熟以及加密货币的快速发展，去中心化共识协议和工作量证明机制共同保证了操作的去中心化、过程透明、可追踪和可信任且不可篡改的特性，由此进入了以智能合约技术为标志的区块链2.0时代。

区块链技术的出现赋予了智能合约新的含义。区块链是分布式账本技术的典型应用，能够对交易双方的交易数据进行有效、可验证和永久性的记录，具有去中心化、可编程、集体维护和安全可信等特点。区块链智能合约是一种能够自执行、自强制、自验证和自约束其指令执行的计算机协议，应该具有一致性、自强制性、可验证性、可接入性等属性，其中一致性是智能合约最关键的属性，它描述了法律合约与智能合约是否一致。智能合约使用计算机程序代码表示法律合约条款，故它是法律合约的一种载体。智能合约根据其所表示的法律合约进行自执行和自强制约束，因此其一致性决定了智能合约的实际应用价值。区块链与智能合约的结合，使区块链技术能够支持更多的行业领域和更大规模的商业应用。

4.1.3 智能合约的生命周期

类似于传统合约，智能合约的全生命周期包括合约生成、合约发布、合约执行三个阶段，如图4-1所示。

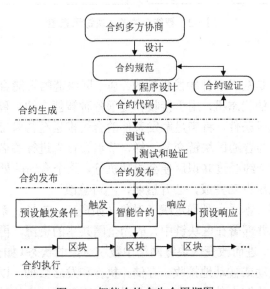

图 4-1 智能合约全生命周期图

1. 合约生成

合约生成主要包括合约多方协商、制定合约规范、进行合约验证、获得合约代码四个环节。具体实现过程为：由合约参与方进行协商，明确各方的权利与义务，确定标准合约文本并将文本程序化，经验证后获得标准合约代码。其中涉及两个重要环节：合约规范和合约验证。合约规范需要由具备相关领域专业知识的专家和合约方进行协商制定。合约验证在基于系统抽象模型的虚拟机上进行，它是关乎合约执行过程安全性的重要环节，必须保证合约代码和合约文本的一致性。

2. 合约发布

合约发布与交易发布类似，经签名后的合约通过 P2P 的方式分发至每个节点，每个节点会将收到的合约暂存在内存中并等待进行共识。共识过程的实现：每个节点会将最近一段时间内暂存的合约打包成一个合约集合，并计算出该集合的哈希值，最后将这个合约集合的哈希值组装成一个区块并扩散至全网的其他节点；收到该区块的节点会将其中保存的哈希值与自己保存的合约集合的哈希值进行比较验证；通过多轮的发送与比较，所有节点最终会对新发布的合约达成共识，并且达成共识的合约集合以区块的形式扩散至全网各节点，如图 4-2 所示。其中每个区块包含以下信息：当前区块的哈希值、前一区块的哈希值、时间戳、合约数据及其他描述信息。

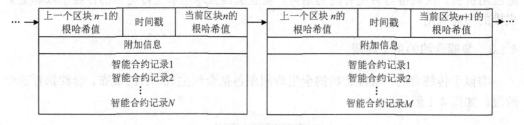

图 4-2　智能合约的区块链示意图

3. 合约执行

智能合约的执行是基于事件触发机制的。基于区块链的智能合约都包含事务处理和保存机制及一个完备的状态机，用于接收和处理各种智能合约。智能合约会定期遍历每个合约的状态机和触发条件，将满足触发条件的合约推送至待验证队列。待验证的合约会扩散至每个节点，与普通区块链交易一样，节点会首先进行签名验证，以确保合约的有效性，验证通过的合约经过共识后便会成功执行。整个合约的处理过程都由区块链底层内置的智能合约系统自动完成，公开透明，不可篡改。

智能合约的实现，本质上是通过赋予对象（如资产、市场、系统、行为等）数字特性，即将对象程序化并部署在区块链中，成为全网共享的资源，再通过外部事件触发合约的自动生成与执行，进而改变区块链网络中数字对象的状态（如分配、转移）和数值。智能合约可以实现主动或被动地接收、存储、执行和发送数据，以及调用智能合约，以此实现控制和管理区块链上数字对象。目前已经出现的智能合约技术平台，如以太坊和超级账本等，具备图灵完备的开发脚本语言，使区块链能够支持更多的金融和社会系统的智能合约应用。

4.1.4 智能合约的特点

虽然智能合约尚未得到广泛应用，但其技术优点已经得到研究人员的广泛认可。总体来说，智能合约具有以下七个优点。

1. 确定性

如果一个程序在不同的计算机或者在同一台计算机中的不同时刻多次运行，对于相同的输入能够保证产生相同的输出，则称该程序的行为是确定性的，反之则称该程序的行为是非确定性的。

智能合约在不同的计算机或在同一台计算机中的不同时刻多次运行，对于相同的输入能够保证产生相同的输出。对于区块链上的智能合约，确定性是必然要求，因为非确定性的合约可能会破坏系统的一致性。

比特币内置了一套脚本引擎，用于执行鉴权脚本，它是区块链智能合约的雏形。开发者可以基于这套脚本系统来开发一些简单的应用，但由于其指令集非常简单且非图灵完备，能够实现的功能相当有限。这套系统既没有提供任何系统函数，也没有提供任何访问数据的功能，更没有动态调用的功能，甚至连静态调用也没有提供，因此比特币的智能合约一定是确定性的。

以太坊提供了一个图灵完备的智能合约平台，开发了一个用于执行合约代码的 EVM，并设计了一种类似于 JavaScript 的高级语言 Solidity，以方便用户进行智能合约的开发。以太坊智能合约没有提供任何非确定性的系统函数，可访问的数据也仅限于链内数据，外部数据需要通过交易来发送到合约。但是，以太坊的 call 和 callcode 指令的目标地址通过栈来传递，使合约可以在运行时动态调用其他的合约代码，使合约的调用路径变为非确定性。好在合约可以访问到的数据都是确定性的，使所有节点在动态调用目标代码时一定会获得相同的目标地址，保证了系统的一致性。

超级账本 Fabric 的智能合约采用了容器作为执行环境。由于容器的特性，智能合约几乎可以使用物理计算机中的所有功能，因此具有极高的非确定性。所以 Fabric 要求智能合约的开发者在编写代码时尽量避免使用具有非确定性的功能，并计划提供一套专门开发的确定性系统函数库供开发者使用。然而，Fabric 无法从底层机制上避免非确定性的产生。

2. 一致性

智能合约的一致性是指其应与现行合约文本一致，必须经过具备专业知识的人士制定审核，不与现行法律冲突，具有法律效应。法律合约与智能合约的一致性内涵与合同的自动化执行的发展阶段紧密相关。

2018 年，Governatori 等认为合同的自动化执行经历了以下三个阶段。

（1）电子合同阶段。该阶段确定了电子合同的法律地位，为智能合约的实现提供了法律基础。电子合同主要描述包含可计算部分（如数据字段、规则等）的合约，而这些可计算部分可依靠第三方软件实现合同的自动化操作，如合同的起草、谈判、监视和执行。

（2）智能合约阶段。该阶段通过将代码与法律融合实现对法律条款的自执行，并产生法律合约的义务和权利等结果。Szabo强调智能合约是建立在交易双方已达成承诺协议的信用基础上的，通过代码实现法律合约条款的自执行，不仅能够消除法律文本合同的模糊性，还能增强法律文本合同执行的确定性。例如，自动售货机就是智能合约的简单应用。但由于缺乏可信任的平台，智能合约的发展受到了制约。

（3）区块链智能合约阶段。该阶段依托于可信任的区块链平台，智能合约不仅在技术上实现法律合约条款的自执行与自监督，而且在法律上可作为法律合约的补充或替代，是法律合约在软件中的表达和实现。Modi认为智能合约是基于区块链技术对法律合约逻辑的具体体现，它不仅可以存储数据、记录现实法律合约逻辑所需的任何其他信息，而且能够通过代码对某些法律条款预先定义触发条件。当条件满足时，可保证条款的自执行性和自发性。

3. 可终止性

智能合约的可终止性是指合约能在有限的时间内运行结束。区块链中的智能合约保证可终止性的途径，如比特币的非图灵完备、以太坊的计价器、超级账本Fabric的计时器等。

如果以太坊运行一个程序使合约陷入死循环，就会无限消耗以太坊中EVM的资源。为了解决这个问题，以太坊引入了计价器机制。每执行一次智能合约，EVM都会向用户收取非常少的以太坊维护费，也就是Gas，以提供智能合约需要使用的算力。因此，如果有人企图使用智能合约消耗以太坊网络上的资源，由于每次执行智能合约都需要Gas驱动，一旦Gas耗尽，合约就会执行失败，并且不会退回消耗掉的费用，借此防止死循环的发生。

4. 可观测和可验证性

智能合约的可观测性是指合约内容与其执行过程都应该是可观测的、透明的，合约各方能够通过用户界面去观察、记录、验证合约状态。一旦合约建立，就无法篡改。

智能合约的可验证性是指智能合约所产生的结果应能够被验证，具有一定的容错性，代码运行符合合约，重复运行可以得到相同的结果，具备成为司法证据的条件。

智能合约通过区块链技术的数字签名和时间戳，保证合约的不可篡改性和可溯源性。合约方都能通过一定的交互方式来观察合约本身及其所有状态、执行记录等，并且执行过程是可验证的。

央行数字货币研究所穆长春指出，在数字人民币的顶层设计框架之下，数字人民币智能合约既要满足智能合约本身的一致性、可观测性、可验证性、隐私性、自强制性的特征，也要发挥数字人民币体系的业务技术优势，更好支撑数字经济发展。数字人民币智能合约生态要按坚持中心化管理和双层运营架构、保证合约模板的合法性和有效性、坚持开放和开源以及持续进行技术升级，防范技术风险原则来建设。

5. 去中心化

智能合约是由区块链上的许多节点来执行的程序，因为它需要多个节点来执行，所以它是去中心化的。智能合约的所有条款和执行过程都是预先制定好的，一旦部署运行，合约中的任何一方都不能单方面修改合约内容以及干预合约的执行。同时，合约的监督和仲裁都由计算机根据预先制定的规则来完成，大大降低了人为干预风险。

6. 高效性和实时性

与通过第三方执行的数字化协议相比，智能合约极其高效。由于智能合约的执行不需要第三方或中心化的代理服务的参与，能够在任何时候响应用户的请求，大大地提升了交易的效率。用户只需要通过网络就可以方便快捷地办理业务。合约双方都无须手动输入数据然后等待另一方处理，也无须中间人处理交易。智能合约可以消除人为错误和交易对手方之间的纠纷，因此能加快合约端到端的执行速度，大大提升了服务效率。

7. 低成本

智能合约自我执行和自我验证的特征，使其能够大大降低合约执行、裁决和强制执行所产生的人力、物力成本。智能合约的参与方可以直接引用一系列复杂的客观参数来判定某个条件是否满足，是否可以执行智能合约的某个条例。这样不需要人工干预、人工判定，极大降低了商业成本，并且使合约履行没有时间的延迟。很多商业交易，往往需要第三方托管机构，人工服务费用高。智能合约的发展，将不断减少人工干预，压缩这类服务的费用，并将其自动化。

4.2　智能合约架构

总体来说，区块链智能合约包含数据层、传输层、智能合约主体、验证层、执行层及合约之上的应用层这六个要素。智能合约的关键技术主要包括智能合约主体、数据加载方式、执行环境、验证方法和扩展性的实现五个方面。

4.2.1　智能合约模型

智能合约是在复制和共享分类账上运行的计算机程序。它可以处理信息，以及接收、存储和发送价值。基于区块链的智能合约包括交易处理和保存机制，以及用于接收和处理各种智能合约的完整状态机。此外，交易存储和状态处理在区块链上完成。智能合约封装预定义的若干状态、转换规则、触发条件以及对应操作等，经过各方签署后，以程序代码的形式附着在区块链数据上，经过区块链网络的传播和验证后被记入各个节点的分布式账本中，区块链可以实时监控整个智能合约的状态，在确认满足特定的触发条件后激活并执行合约。

智能合约模型的数学表达式为

$$O = f(I) \qquad (4\text{-}2)$$

其中，O 为从智能合约输出的交易和事件；f 为智能合约；I 为输入智能合约的交易和事件。

智能合约模型如图 4-3 所示。智能合约一般具有值和状态两个属性，代码中用 if…then…和 what…if…语句预置了合约条款的相应触发场景和响应规则，智能合约经多方共同协定、各自签署后随用户发起的交易提交，经 P2P 网络传播、矿工验证后存储在区块链特定区块中，用户得到返回的合约地址及合约接口等信息后即可通过发起交易来调用合约。矿工受系统预设的激励机制激励，将贡献自身算力来验证交易，矿工收到合约创建或调用交易后在本地沙箱执行环境（如 EVM）中创建合约或执行合约代码，合约代码根据可信外部数据源（也称为预言机，oracle）和世界状态的检查信息自动判断当前所处场景是否满足合约触发条件以严格执行响应规则并更新世界状态。交易验证有效后被打包进新的数据区块，新的数据区块经共识算法认证后链接到区块链主链，所有更新生效。

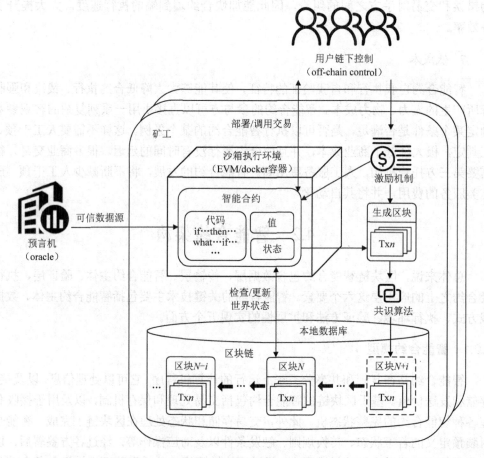

图 4-3　智能合约模型

4.2.2　智能合约基础架构

智能合约基础架构如图 4-4 所示。模型自底向上由基础设施层、合约层、运维层、智能层、表现层和应用层组成。

图 4-4 智能合约基础架构

1. 基础设施层

基础设施层封装了支持智能合约及其衍生应用实现的所有基础设施,包括分布式账本及其关键技术、开发环境和可信数据源等,这些基础设施的选择将在一定程度上影响智能合约的设计模式和合约属性。

智能合约的执行与交互需要依靠共识算法、激励机制及 P2P 通信网络等区块链关键技术,最终执行结果将记入由全体节点共同维护的分布式账本中。不同的共识算法和激励机制将影响智能合约的设计模式、执行效率和安全性能。以激励机制为例,以太坊中智能合约的开发需要额外考虑燃料消耗问题,设计合约时需避免出现燃料耗尽异常和死代码、无用描述、昂贵循环等高耗燃操作。

狭义的智能合约可看作运行在区块链上的计算机程序,作为计算机程序,智能合约的开发、部署和调用将涉及编程语言、集成开发环境(integrated development environment,IDE)、开发框架、客户端和钱包等多种专用开发工具。以钱包为例,除作为存储加密货币的电子钱包外,通常还承担启动节点、部署合约、调用合约等功能。

为保证区块链网络的安全,智能合约一般运行在完全隔离的沙箱执行环境(如以太坊的 EVM 及超级账本的容器等)中,除交易的附加数据外,预言机可提供可信外部数据源供合约查询外部世界的状态或触发合约执行。同时,为保持分布式节点的合约执行结果一致，智能合约也通过查询预言机实现随机性。

2. 合约层

合约层封装了静态的合约数据，包括各方达成一致的合约条款、合约条款代码化后的情景-应对型规则和创建者指定的合约与外界以及合约与合约之间的交互准则等。合约层可看作智能合约的静态数据库，封装了所有智能合约调用、执行、通信规则。

以智能合约从协商、开发到部署的生命周期为顺序，合约各方将首先就合约内容进行协商，合约内容可以是法律条文、商业逻辑和意向协定等。此时的智能合约类似于传统合约，立契者无须具有专门的技术背景，只需根据法学、商学、经济学知识对合约内容进行谈判与博弈，探讨合约的法律效力和经济效益等合约属性。随后，专业的计算机从业者利用算法设计、代码编写等软件工程技术将以自然语言描述的合约内容编码为区块链上可运行的 if…then…、what…if…式情景-应对型规则，并按照平台特性和立契者意愿补充必要的智能合约与用户之间、智能合约与智能合约之间的访问权限与通信方式等。

3. 运维层

运维层封装了一系列对合约层中静态合约数据的动态操作，包括机制设计、形式化验证、安全性检查、维护更新、自毁等。智能合约的应用通常关乎真实世界的经济利益，恶意的、错误的、有漏洞的智能合约会带来巨大的经济损失，运维层是保证智能合约按照设计者意愿正确、安全、高效运行的关键。

以智能合约从协商到自毁的全生命周期为序，机制设计利用信息和激励理论帮助合约高效实现其功能。形式化验证与安全性检查在合约正式部署上链前以严格的数学方法证明合约代码的正确性和安全性，保证合约代码完全按照创建者的本意执行。维护更新在合约部署上链后维护合约正常运行并在合约功能难以满足需求或合约出现可修复漏洞时升级合约。最后，当智能合约生命周期结束或出现不可修复的高危漏洞时，合约可以进行自毁操作以保障网络安全。需要注意的是，合约的更新与自毁将仅体现在新区块的区块数据中，历史区块链数据始终不可篡改。

4. 智能层

智能层封装了各类智能算法，包括感知、推理、学习、决策和社交等，为前三层构建的可完全按照创建者意愿在区块链系统中安全高效执行的智能合约增添了智能性。需要指出的是，当前的智能合约并不具备智能性，只能按照预置的规则执行相应的动作。但是，我们认为未来的智能合约将不仅可以按照预定义的 if…then…式语句自动执行，更可以具备未知场景下 what…if…式智能推演、计算实验以及自主决策等功能。

运行在区块链上的各类智能合约可看作用户的软件代理（或称软件机器人），由于计算机程序具有强大的可操作性，随着认知计算、强化学习、生成式对抗网络（generative adversarial network，GAN）等人工智能技术的快速发展，这些软件代理将逐渐具备智能性：一方面，代理个体将从基础的感知、推理和学习出发逐步实现任务选择、优先级排序、目标导向行为（goal-directed behaviors）、自主决策等功能；另一方面，代理群体将通过彼此间的交互通信、协调合作、冲突消解等具备一定的社交性。这些自治软件代理在智能层的学习、协作结果也将反馈到合约层和运维层，优化合约设计和运维方案，最终实现自主自治的多代理系统，从自动化合约转变为真正意义上的智能化合约。

5. 表现层

表现层封装了智能合约在实际应用中的各类具体表现形式，包括去中心化应用（DAPP）、去中心化自治组织（DAO）、去中心化自治公司（DAC）和去中心化自治社会（DAS）等。

区块链具有普适性的去中心化技术架构，可封装节点复杂行为的智能合约相当于区块链的应用接口，帮助区块链的分布式架构植入不同场景。通过将核心的法律条文、商业逻辑和意向协定存储在智能合约中，可产生各种各样的 DAPP，而利用前四层构建的多代理系统，又可逐步演化出各类 DAO、DAC 和 DAS，这些表现形式有望改进传统的商业模式和社会生产关系，为可编程社会奠定基础，并最终促成分布式人工智能的实现。以 DAO 为例，只需将组织的管理制度和规则以智能合约的形式预先编码在区块链上，即可实现组织在无中心或权威控制干预下的自主运行。同时，DAO 中的成员可以通过购买股份、代币或提供服务的形式成为股东并分享收益。DAO 被认为是一种对传统"自顶向下"式层级管理的颠覆性变革，可有效降低组织的运营成本，减少管理摩擦，提高决策民主化。

6. 应用层

应用层封装了智能合约及其表现形式的具体应用领域。理论上，区块链及智能合约可应用于各行各业，金融、物联网、医疗、供应链等均是其典型应用领域。

4.3　智能合约的关键技术

4.3.1　合约主体

智能合约主体为基于标准化的合约应用提供了复杂的协议框架，可以通过识别智能合约的关键参数来识别合约的行为和状态。智能合约主体主要包括协议和参数两部分。

1. 协议

协议是由标准机构发布的合法文本的程序化描述。协议包括合法的标准文本和标准参数，其中每个参数都有一个标识，分别代表一种类型。可以说，协议是一个完全实例化的模板。

2. 参数

参数包括业务逻辑模块（主要参数）和各种附件模块，如数据管理模块、用户管理模块、合约管理模块等。业务逻辑模块包括定制的合法文本和参数，是对应用领域专业知识的程序化描述，由合约参与方协商产生，涉及多方的权利与义务。业务逻辑模块的合法文本和参数来自协议部分的标准文本和参数，但根据应用场景而有所不同。附件模块在业务逻辑的基础上，结合具体应用场景的需要，实现对智能合约的补充和完善。数据管理模块，封装了实现数据接收、暂存、计算、清除等功能的代码程序；用户管理模块，主要实现了合约用户的权限管理、安全认证、信誉管理等功能；合约管理模块的主要功能是当合约被调用时，结合用户需求，实现合约的生成、验证发布、部署执行、状态查询以及风险处理等功能。各模块根据应用需求，可以定制子协议和子标准，如计算安全标准、风险预警标准、模块交互协议等。所有参数都是合约的关键部分，它们不仅直接反映了各方之间的业务关系，而且影响合约的自动执行。

4.3.2　数据加载方式

数据层包括状态数据、交易数据、合约代码、应用数据等，出于可观察和可验证的目的，状态数据和交易数据一般采用链上存储方式。应用数据和合约代码的加载方式分为链上和链下两种。目前绝大多数区块链系统均采用链上方式，即将代码和应用数据发布到链上，再从链上加载数据和代码并执行，其缺点是代码和应用数据将永久地存在于区块链中，不利于更新维护，而且占用节点存储资源，随着时间的积累将带来巨大的存储负担。链下方式是指将智能合约的哈希值存储于链上，并通过以哈希值为索引的存储网络或可信赖的数据源来保存完整的合约代码，如 IPFS（星际文件系统）、Tower Crier 平台。哈希值是由合约代码内容计算而得的，这样既可以保证合约的不可篡改性，又可以节约节点大量的存储空间和加强合约的隐私性。

4.3.3　执行环境

目前主流的智能合约执行环境主要分为两种：虚拟机和容器。无论是虚拟机还是容器，它们的作用都是在一个沙箱中执行合约代码，并对合约所使用的资源进行隔离和限制。虚拟机通常是指通过软件模拟的具备完整硬件功能的、能像真实机器一样执行程序的计算机的软件实现，如 VMware。出于降低资源开销、提升性能和兼容性的目的，绝大多数区块链会采用轻量级的虚拟机结构，如 EVM。借助容器引擎，开发者可以打包其应用以及依赖包到一个可移植的容器中，也可以实现虚拟化。容器使用沙箱机制，相互之间不会有任何接口，如超级账本 Fabric 使用容器作为智能合约的执行环境。容器本身没有采用虚拟化技术，程序直接运行在底层操作系统上，代码执行的效率很高。但与轻量级虚拟机相比，其过于庞大的架构，使部署和启动容器本身需要消耗大量的时间和计算资源。

智能合约本质上是区块链上可执行的代码，那么在智能合约的执行过程中，需要关注两个问题，即指令的执行速度和运行环境的启动速度。对于智能合约而言，运行环境的启动速度比指令的执行速度更加重要。这是因为，针对轻量化的虚拟机或容器，智能合约的代码中很少会涉及 I/O 相关的指令，使这些指令代码易于优化。智能合约的每次调用，都必须在一个新的虚拟机或容器中进行，因此运行环境的启动速度对整个智能合约系统影响较大。

4.3.4 验证方法

智能合约是对某领域专业知识的程序语言描述,对合约所涉及的核心利益(如资产)的安全性、合约代码的逻辑正确性有了更高的要求,必须保证合约文本与合约代码的一致性。合约验证是保证这些要求的重要途径。目前,形式化验证是智能合约领域的主流验证方式。形式化方法是基于数学的描述和推理计算机系统性质的技术,常用于软件的规范、开发和验证。形式化方法主要包括形式归约和形式验证。形式验证建立在形式归约的基础上,验证已有程序是否满足其归约要求。

目前常见的形式化验证方法主要有两种:演绎验证和模型检测。演绎验证基于定理证明的思想,采用逻辑公式描述系统,优点是可以处理无限状态的问题,但做不到完全自动化,如 STEP。模型检测基于状态搜索的思想,主要针对有穷状态系统,如 SPIN。模型检测可以实现完全自动化,在验证性质未被满足时,搜索终止并可以给出反例,这种信息常常反映出合约设计中的细微失误,因而对于合约排错有极大的帮助。智能合约的形式化验证主要包括四部分:代码生成、形式化描述、一致性测试和形式化验证。代码生成,是指用编程语言对合约文本进行程序化描述。形式化描述,是指通过建模语言和建模工具对形式化合约文档进行建模。一致性测试强调被测系统与给定标准的一致性,通过测试的合约代码实现的外部特性与标准合约文本一致。形式化验证方法可以检查智能合约的很多属性,如可达性、公平性、死锁等。将形式化验证方法应用于智能合约,可使合约的生成和执行有规范性的约束,保证了合约的可信性。

4.3.5 扩展性的实现

可扩展性通常是指如何处理更大规模的业务。对于一个系统的扩展性,通常有两种方法,即垂直扩展和水平扩展。与水平扩展相比,垂直扩展是基于单台设备最大处理能力的串行系统的扩展性,容易较快触及成本、技术的极限。因此水平扩展是当下的主流措施,即将串行系统改造成并行系统,对指令进行并行处理。

区块链本质上是一个分布式数据库,存储着各种数据及数据间进行交换和计算的规则,而智能合约就是这些规则的代码实现。因此,实现智能合约的并发执行,将成为提高区块链系统扩展性的重要途径,如以太坊提出的分片方案,即架构中的全球验证程序集合中的节点被随机分配到特定的"碎片",其中每个碎片并行处理全局状态的不同部分,从而确保工作是跨节点分布处理的。

4.4 区块链中的智能合约语言

4.4.1 智能合约语言

广义上的智能合约,即能够让用户自己定义所需交易逻辑的代码程序,几乎存在于所有区块链系统,包括最广为人知的比特币,以及以太坊、超级账本、Parity、Zcash 等。

从编程语言表现或者运行环境考虑，智能合约可以分为脚本型、图灵完备型、可验证合约型三种。

1. 脚本型

比特币系统通过编写基于堆栈的操作码（opcode）来实现简单的交易逻辑，比如改变比特币花费的前提条件，这个系统称为比特币脚本系统。这个语言非常简单，用这个语言编写的代码其实就是基于堆栈的一系列数据和操作符。这种比特币脚本语言是图灵非完备语言，没有循环或复杂流程控制，减少了灵活性，但是这种极其简单的堆栈语言增强了比特币的安全性。比特币交易脚本是无状态的，所以一个脚本能在任何系统上以相同的方式执行。

比特币脚本语言一方面可以很好地解决多重签名问题，另一方面对于加密算法有很好的支持。此外，它已经具备一定的智能合约的能力。

2. 图灵完备型

所谓图灵完备，是指能用该编程语言模拟任何图灵机。图灵完备的规则能够实现任何操作逻辑。例如，一种编程语言中包含条件控制语句 if、goto 等，并且能够维护任意数量的变量，则使用该编程语言可以编写出符合任何逻辑的代码，称这种编程语言具备图灵完备性。

以太坊提供一种基于图灵完备语言的智能合约平台，也是最早的图灵完备智能合约。以太坊系统提供 EVM，合约代码在 EVM 内部运行。以太坊用户使用特定语言编写智能合约代码，并编译成 EVM 字节码运行。

超级账本提供另一种图灵完备智能合约，它在容器环境中运行与语言无关的智能合约，即智能合约代码可以使用任何编程语言编写，之后被编译器编译并打包进容器镜像，以容器作为运行环境。

3. 可验证合约型

Kadena 项目提供了一个可验证的智能合约系统。Kadena 的公链平台最初由 Kadena 创始人 Will Martino 构想而成，是一种并行的工作量证明共识机制，可以提高吞吐量和可扩展性，同时保持比特币的安全性和完整性。

Kadena 使用的编程语言 Pact 是非图灵完备的。

4.4.2 比特币脚本语言

比特币脚本语言是一种基于堆栈的逆波兰式简单执行语言，它用于编写比特币交易中未花费的交易输出（UTXO）的锁定脚本（locking script）和解锁脚本（unlocking script）。锁定脚本确定了花费输出所需要的条件，而解锁脚本用来满足 UTXO 上锁定脚本所确定的条件，解锁并支付。当一条交易被执行时，每个 UTXO 的解锁脚本和锁定脚本同时执行，根据执行结果（true/false）来判定该笔交易是否满足支付条件。

脚本语言被设计得非常简单，类似于嵌入式装置，仅可在有限的范围内执行，可做较简单的处理。脚本指令被称为操作码，分为常量、流程控制、栈操作、算术运算、位运算、密码学运算、保留字等。脚本语言是非图灵完备的语言，包含的操作码不具备循环和复杂的流程控制功能，仅可执行有限的次数，避免了因编写疏忽等原因导致的无限循环或其他类型的逻辑炸弹。比特币脚本这种有限的执行环境和简单的执行逻辑，有利于对可编程货币的安全性进行验证，能够防止形成脚本漏洞而被恶意攻击者利用。

比特币系统处理的大多数交易花费都是由"付款至公钥哈希（P2PKH）"脚本锁定的输出，即锁定脚本中包含一个公钥的哈希值（比特币地址），解锁时通过包含公钥和对应私钥所创建的数字签名的脚本来验证。例如，用户 A 向用户 B 支付一笔交易，锁定脚本可以表示如下：

OP_DUP OP_HASH160<B Public Key Hash> OP_EQUALVERIFY OP_CHECKSIG

其中，B Public Key Hash 为用户 B 的公钥的哈希值。当用户 B 解锁该笔交易时，使用包含 B 的数字签名和公钥的解锁脚本：

<B Signature><B Public Key>

比特币系统中的节点把解锁脚本与锁定脚本组合，形成验证脚本：

<B Signature><B Public Key> OP_DUP OP_HASH160<B Public Key Hash> OP_EQUALVERIFY OP_CHECKSIG

该验证脚本被放入堆栈中执行，输出结果决定着交易的有效性。

4.4.3 以太坊图灵完备型语言

由于比特币等脚本语言不具备图灵完备性，编写的智能合约交易模式非常有限，只能用于虚拟货币类应用，因此维塔利克·布特林推出了支持图灵完备语言的以太坊智能合约平台。以太坊提供了智能合约专用开发语言，其他系统或平台大多采用通用编程语言。目前，以太坊提供了两种编程语言：Solidity 和 Serpent。

Solidity 语言是一种面向合约（或面向对象）的高级编程语言，它是专门为编写运行在 EVM 上的智能合约而设计的，也是以太坊官方推荐的智能合约编程语言。Solidity 语言在语法上类似于 JavaScript，它具有详细的开发文档，支持强类型、继承、库及用户自定义类型。

Serpent 语言类似于 Python 语言，具备简洁的特性。Serpent 语言是一种专门编写智能合约的高级语言，具备低级语言高效易用的编程风格及针对智能合约的特性。最新版本的编译器由 C++ 语言编写，目的是能够更广泛地嵌入客户端程序。

以太坊曾经提供了 Mutan 和 LLL 语言，目前这两种语言已停止使用。

4.4.4 可验证型语言

Kadena 的创始人 Will Martino 和 Stuart Popejoy 在摩根大通为该投资银行构建首个区块链时，他们发现智能合约技术无法满足企业用例的需求。为解决这一问题，他们创建了 Kadena 的开源智能合约语言 Pact，旨在避免那些可能会带来高风险的设计缺陷，Pact 语言在创建之初就具备了高度的可扩容性与安全性。

可验证型语言 Pact 类似于 Haskell 语言，用于编写直接运行在 Kadena 区块链上的智能合约，主要应用于安全性和效率要求较高的商业交易场合。Pact 智能合约由三部分构成：tables、keysets、module。它们分别负责合约的数据存储、合约授权验证及合约代码 code。

Pact 语言是一种可直接在链上执行的解释型语言，这意味着 Pact 代码将人类可读的智能合约直接放在了链上，使用户可以直接清晰地在区块链上安全编写智能合约，支持全新的业务模型及链上服务。Pact 语言还提供了一个标准库，为 Pact 语言用户提供了必要的工具，用以编写安全有效的合约。

Pact 语言的语法类似于 LISP 语言，代码结构有利于快速分析和执行语法树。例如，下面是一段计算平均值的函数代码：

```
(defun average(a b)
    "take the average of a and b"
    ( / ( + a b ) 2 ))
```

这段代码定义了 average()函数，用于计算两个数的平均值。这种语法能够使计算机更加快速地执行代码。

同比特币一样，Pact 语言是图灵非完备的，不支持循环和递归。这就有助于防止递归错误和相关的不良使用模式。在 Pact 语言中，检测到的任何递归都会立即引发故障并终止所有正在运行的代码。此功能大大减少了智能合约中可能存在的潜在攻击向量。

4.4.5 超级账本智能合约语言

超级账本智能合约 Chaincode 一般由 Go 语言编写，同时支持其他编程语言，如 Java 语言。Go 语言是由 Robert Griesemer、Rob Pike 和 Ken Thompson 于 2007 年末主持开发，并最终于 2009 年 11 月开源的语言，属于图灵完备型语言。

Go 语言程序是由包构成的，并且总是从 main 包开始执行。其代码风格简洁，格式统一，阅读性和可维护性高。Go 语言虽然只有 25 个关键字，但能够支持大部分其他编程语言支持的特性，如继承、重载、对象等。另外，Go 语言内嵌 C 语言支持模块，可以直接包含 C 语言代码，利用现有的丰富程序库。

Go 语言具有良好的并发机制，程序能够充分利用多核和联网机器。并发指在同一时间内可以执行多个任务。在并发编程中，对共享资源的正确访问需要精确地控制，在目前的绝大多数语言中，都是通过加锁等线程同步方案来解决这一困难问题的。Go 语言却另辟蹊径，它引入了 goroutine 来实现并发机制，并将共享的值通过通道传递，这使程序更简洁。Go 语言将其并发编程哲学化为一句口号："Do not communicate by sharing memory, instead, share memory by communicating"，翻译过来意思就是"不要通过共享内存来通信，而应通过通信来共享内存"。

内存管理是程序员开发应用的一大难题。传统的编程语言（如 C/C++）中，程序员必须对内存进行管理操作，控制内存的申请及释放。C 和 C++编程语言因为没有垃圾回收机制（garbage collection，GC），所以运行起来速度很快，但是容易造成资源浪费和程序崩溃。为了解决这个问题，Java、Python 等编程语言都引入了自动内存管理，程序员只需关注内存的申请而不必关心内存的释放，内存释放由虚拟机或运行时自动进行管理。

这种对不再使用的内存资源进行自动回收的操作称为垃圾回收。Go 语言自带垃圾回收机制，使程序员不需要再考虑内存的回收。GC 通过独立的进程执行，搜索不再使用的变量，并将其释放。但是，GC 在运行时会占用机器资源。

4.4.6 智能合约语言比较

在上面介绍的智能合约开发语言中，基于 EVM 的 Solidity 语言在开发活跃度和普及率上远超其他智能合约语言，类似于 JavaScript 的语法，能够让开发者易于掌握并快速创建应用核心代码。相比其他语言，Solidity 语言中增加了与以太坊和交易相关的属性，需要开发者熟悉，比如其中的 Storage 和 Payable 属性，为了安全起见，在函数应用中应多加注意。Solidity 语言支持通用计算，理论上能够实现任何应用场景的程序设计。

比特币脚本包含指令和数据两部分，支持的指令不超过 200 个，开发者很容易学习并精通脚本的编写，开发难度很小。比特币脚本利用栈空间对数据元素进行出栈和入栈操作，从而实现比特币的输入和输出。由于不具备循环、条件和跳转操作，其能够实现的逻辑非常有限，仅应用于基础的数字货币所有权的转移机制，相比于 Solidity 语言，其应用范围单一。

Pact 语言则介于两者之间，受比特币脚本语言启发，它的代码采用嵌入式方式直接运行在区块链中，具有 keyset 公钥验证模式，能够实现几乎所有的交易应用。为了避免智能合约编码缺陷造成的应用漏洞，该语言采用非图灵完备设计，没有循环结构和递归操作。相比其他被编译成机器码后部署在区块链上的智能合约，Pact 智能合约明确地展示了区块链上运行的代码，利于人工验证和审核。在安全性方面，Pact 语言优于 Solidity 等图灵完备语言。

其他区块链系统的智能合约一般可以采用通用语言进行开发，如超级账本 Fabric 的智能合约基于容器运行，可以使用 Go、Java 等语言进行编写；Corda 智能合约基于 Java 虚拟机（Java virtual machine，JVM）运行，使用 Java 等可在 JVM 上运行的编程语言进行开发。Go 语言和 Java 语言属于图灵完备的高级语言，通用性高，能够实现任何应用逻辑，但对于开发者而言，学习难度稍大。

表 4-1 对比了几种语言的特性。

表 4-1 智能合约语言比较

语言	运行平台	图灵完备性	开发难易程度	数据存储类型	应用复杂性	应用安全性
比特币脚本	比特币	非图灵完备	操作码数量少，开发难度小	基于交易	简单	较高
Solidity/Serpent/Mutan/LLL	以太坊	图灵完备	易于掌握，开发难度较小	基于账户	复杂	一般
Pact	Kadena	非图灵完备	代码语法利于执行，但开发有难度	基于表	一般	较高
Go/Java	超级账本	图灵完备	Java 语言体系庞大，Go 语言开发难度稍高	基于账户	复杂	一般
C/C++	EOS	图灵完备	低级语言，开发难度高	基于账户	复杂	一般

4.5　区块链中智能合约的实现技术

现有区块链系统中，智能合约的实现技术可以按照智能合约运行的环境进行划分，具体可分为三类：嵌入式运行、基于虚拟机运行和容器式运行。表 4-2 列举了现有的主流区块链系统及其智能合约的应用类型、运行环境、编程语言。其中，比特币、以太坊和超级账本是当前最为成熟和应用最为广泛的智能合约平台。

表 4-2　区块链系统及智能合约平台

区块链系统	应用类型	智能合约运行环境	智能合约语言
以太坊	通用应用	EVM	Solidity/Serpent/Mutan
超级账本	通用应用	容器	Golang/Java
比特币	加密货币	嵌入式运行	Golang/C++
Zcash	加密货币	嵌入式运行	C++
Quorum	通用应用	EVM	Golang
Parity	通用应用	EVM	Solidity/Serpent/Mutan
Litecoin	加密货币	嵌入式运行	Golang/C++
Corda	数字资产	JVM	Kotlin/Java
Sawtooth	通用应用	嵌入式运行	Python

4.5.1　嵌入式运行

嵌入式运行环境下的智能合约直接嵌入在区块链核心代码中，与区块链本身的其他堆栈代码同时运行。比特币系统和 Kadena 的智能合约均直接与区块链程序本身同时运行。

以比特币系统为例，其采用简单的、基于堆栈的、嵌入式运行的智能合约脚本，实现了基于数字签名的电子货币交易。在每一笔交易中，比特币脚本由 Bitcoin core 生成并自动执行，交易包含多个输入和输出，输入中包含未被花费的 UTXO 及其解锁脚本，输出包含币值和锁定脚本。以 4.4.2 节中用户 A 向用户 B 转账为例，其锁定脚本和解锁脚本如图 4-5 所示。

图 4-5　比特币解锁脚本和锁定脚本

验证交易时，将两个脚本组合，栈空间中脚本的执行顺序为从左至右。首先，将解锁脚本两个操作数<B Signature>和<B Public Key>依次入栈，OP_DUP 为复制操作，对栈顶元素创建副本，OP_HASH160 对栈顶元素执行 RIPEMD160 哈希运算；然后，将

<B Public Key Hash>入栈，OP_EQUALVERIFY 验证栈顶两个操作数是否相等，OP_CHECKSIG 验证数字签名与公钥是否匹配，如匹配，则证明用户B合法拥有该笔资金。

此外，比特币脚本还可以实现条件稍为复杂的交易，如多重签名、付款至脚本哈希（P2SH）、输出数据记录（RETURN 操作）、时间锁、条件控制等复杂逻辑。然而，脚本不便于自定义，要实现比特币交易以外的复杂应用，嵌入式脚本的表达能力还远远不够。

4.5.2 虚拟机运行

EVM 在以太坊智能合约及其应用的运行环境中提供了一套图灵完备的脚本语言——以太坊虚拟机语言（ethereum virtual machine code，EVM 语言），这使任何人都能够创建智能合约及其去中心化应用，并在其中自由定义所有权规则、交易方式和状态转换函数。EVM 的指令集被刻意保持在最小规模，以尽可能避免可能导致共识问题的错误出现。指令集具备常用的算术、位、逻辑和比较操作，以及条件和无条件跳转。

以太坊智能合约的核心要素如图 4-6 所示，主要包括账户、交易、Gas、存储、消息调用、日志、指令集和代码库八个部分。

图 4-6　以太坊智能合约的核心要素

以太坊智能合约旨在实现四个目的：①存储对其他合约或外部实体有意义的值或状态；②作为具有特殊访问策略的外部账户；③映射和管理多个用户之间的关系；④为其他合约提供支持。基于这四个目的，以太坊智能合约有着广泛应用，如储蓄钱包、云计算、版权管理系统、身份和信誉系统、去中心化存储及去中心化自治社会等。

以太坊在整体上可看作一个基于交易的状态机：起始于一个创世块状态，然后随着交易的执行，状态逐步改变一直到最终状态。以太坊中引入了账户的概念以取代比特币 UTXO 模型。账户分为外部账户和合约账户两类，两类账户都具有与之关联的账户状态和账户地址，都可以存储以太坊专用加密货币——以太币，区别在于外部账户由用户私钥控制，没有代码与之关联，合约账户由合约代码控制，有代码与之关联。

用户只能通过外部账户在以太坊中发起交易，交易可以包含二进制数据（payload）和以太币，交易执行过程中可能产生一系列消息调用。当交易或消息调用的接收者为以太坊指定空集时，创建合约。新合约账户地址由合约创建者的地址和该地址发出过的交易数量 nonce 计算得到，创建合约交易的 Payload 被编译为 EVM 字节码执行，执行的输出作为合约代码被永久存储。当接收者为合约账户时，合约账户内代码被激发在本地 EVM 中执行，payload 作为合约的输入参数，可信数据源则为合约提供必要的外部世界信息。所有执行操作结束后，返回执行结果，完整交易经矿工广播验证后和新的世界状态一起存入区块链。

考虑到以太坊交易伴随带宽消耗、存储消耗、计算消耗等，为了激励全球算力的投入和合理分配使用权，避免系统因恶意程序而失控，以太坊中所有程序的执行都需要支付费用。各种操作费用以 Gas 为单位进行计算，任意的程序片段都可以根据规则计算出消耗的燃料数量，完整交易的发起者需支付所有执行费用。交易完成后，剩余的燃料以购买时的价格退回到交易发送者账户，未退回的费用作为挖出包含此交易区块的矿工的奖励。交易执行过程中若因发生燃料不足、堆栈溢出、无效指令等异常而中止，交易将成为无效交易，已消耗 Gas 仍作为矿工贡献其计算资源的奖励。

EVM 被部署在执行智能合约操作码的各个节点之上，负责对智能合约进行指令解码，并按照堆栈完全顺序执行代码。其结构不同于标准的冯·诺依曼模型，程序代码并非保存在通用内存或永久存储，而是被置于特殊的交互式虚拟只读存储器（read-only memory，ROM）中。其内存模型和存储模型分别为基于简单字地址的字节数组和字数组，并有可变和不可变之分。EVM 提供简单栈式结构，为了与 Keccak-256 哈希算法和 ECC 算法相匹配，栈的元素大小被设计为 256 位。

EVM 本身运行一个状态函数，也称状态机，用于持续监测状态的变化。当新的进程触发时，EVM 运行代码并将一定数据写入内存或永久存储，每一个新状态都是基于上一个状态改变的。

以太坊系统中，创建合约可看作一种特殊的交易过程，合约创建函数利用一系列固定参数实现新合约的创建，并产生一组新的状态，过程如下式：

$$(\sigma', g', A) \equiv \Lambda(\sigma, s, o, g, p, v, i, e) \tag{4-3}$$

其中，σ' 为系统新状态；g' 为剩余 Gas；A 为子状态；σ 为系统状态；s 为交易发送者；o 为交易源账户主体；g 为可用 Gas；p 为 Gas 价格；v 为账户金额；i 为初始化 EVM 代码；e 为创建合约栈的深度。

最终，通过执行初始化 EVM 代码，创建新的合约账户，产生账户地址、存储空间及账户的主体代码。在该过程中，除去发生交易所消耗的 Gas，代码创建的 Gas 消耗量与所创建合约的代码量成正比。然而，一旦 Gas 剩余量小于代码创建所需 Gas，则会产生 Gas 异常，并且 Gas 剩余量将被置为零，也不再创建新的合约。

合约运行模型则描述了在接收一系列字节码和环境数据元组之后，系统状态的转变方式。在实际运行中，该模型由全系统状态和虚拟机状态的迭代过程构成。迭代器不停地运行迭代函数，直到虚拟机出现状态异常（如 Gas 异常）而暂停或产生正常结果数据而暂停。

智能合约部署的流程如图 4-7 所示。

智能合约部署的流程如下。

（1）编写智能合约代码，形成合约代码文件（如 Sample.sol）。

（2）通过智能合约编译器对代码文件进行编译，将其转换成可以在 EVM 中执行的字节码。

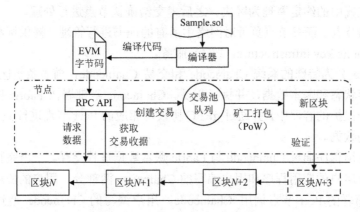

图 4-7　智能合约部署的流程

（3）向区块链节点 RPC API 发送创建交易（部署合约）请求，交易被验证合法后，识别为合约创建交易，检查输入数据，进入交易池。

（4）矿工打包该交易，生成新的区块，并广播到 P2P 网络。

（5）节点接收到区块后对交易进行验证和处理，为合约创建 EVM 环境，生成智能合约账户地址，并将区块入链。

（6）API 获取智能合约创建交易的收据，得到智能合约账户地址，部署完成。

智能合约调用流程与部署流程类似，也通过 RPC API 创建交易，并由验证节点对交易进行处理，调用 EVM 实例，进行状态变更。

以太坊公有链和开源架构的特性，使以太坊成为流行的智能合约及其分布式应用开发平台之一。

4.5.3　容器式运行

超级账本 Fabric 是 Linux 基金会于 2015 年 12 月发起的旨在推动各方协作，共同打造基于区块链的企业级分布式账本底层技术，用于构建支撑业务的行业应用平台。Fabric 是超级账本的一个子项目，目标是实现一个通用的许可链的底层基础框架。

Chaincode 是超级账本中的智能合约，开发者利用 Chaincode 与超级账本交互以开发业务，定义资产和管理去中心化应用。在超级账本 Fabric 中，Chaincode 是用 Go、node.js 或 Java 语句编写的程序，主要用于操作账本中的数据。

1. 服务节点

目前，网络中有四种服务节点，彼此协作完成区块链系统的功能。

（1）背书节点。背书节点（endorser）负责对交易提案（proposal）进行检查和背书，计算交易执行结果。

（2）确认节点。确认节点（committer）负责在接受交易结果前再次检查合法性，然后接受合法交易对账本的修改，并写入区块链结构。

（3）排序节点。排序节点（orderer）对所有发往网络中的交易进行排序，将排序后的交易按照配置中的约定整理为区块，之后提交给确认节点进行处理。

（4）证书节点。证书节点负责对网络中所有的证书进行管理，提供标准的公开密钥基础设施（public key infrastructure，PKI）服务。

Chaincode 分为特殊的系统 Chaincode 和交易 Chaincode，前者负责区块链的管理，后者负责保存状态和账本数据，并执行交易。Chaincode 被部署在 Fabric 网络节点上，运行在一个受保护的容器中，并通过 gRPC 协议与相应的 Peer 节点进行交互，以操作分布式账本中的数据。

用户的应用程序通过 Chaincode 与 Fabric 账本数据进行交互。一个完整的 Fabric 区块链应用包含用户的应用程序和用户编写的 Chaincode 两部分。用户的应用程序通过区块链网络中部署的 Peer 节点调用 Chaincode，用户编写的 Chaincode 通过区块链网络的 Peer 节点来操作账本数据，如图 4-8 所示。

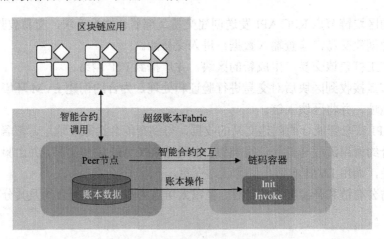

图 4-8　Chaincode 与 Fabric 的交互

Fabric 中的 Peer 节点提供了调用 Chaincode 相关服务的接口。用户的应用程序可以通过调用相关接口和 Fabric Peer 进行交互，Peer 节点通过与 Chaincode 进行交互，完成应用程序和 Chaincode 之间的交互。

2. 生命周期

Chaincode 的生命周期分为五个阶段：打包（package）、安装（install）、实例化（instantiate）、升级（upgrade）、删除（delete）。Chaincode 通过 API 与区块链网络中的各种节点进行交互，同时可以通过 API 对 Chaincode 的生命周期进行管理。超级账本 Fabric API 提供了管理 Chaincode 生命周期的操作命令，如 package、install、instantiate、upgrade 等，这些操作管理了 Chaincode 的整个生命周期（图 4-9）。

（1）打包。打包过程包括创建包和包的签名，源码被按照部署规范（chaincode deployment spec，CDS）格式打包，签名主要用于检查和确认 Chaincode 所有者，可以在创建包的同时进行签名，一次签名的包用于执行 install 交易，多次签名包为多个所有者依次签名。Chaincode 签名包的结构如图 4-10 所示。

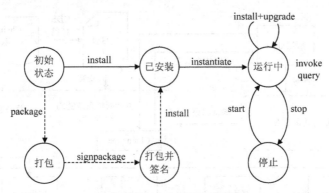

图 4-9　Chaincode 的生命周期

图 4-10　Chaincode 签名包的结构

（2）安装。安装过程须指定 CDS 包的路径，发送一条 Signedproposal 消息给 Peer 节点的 LSCC（lifecycle system chaincode，生命周期系统链码），节点调用 LSCC 上的安装方法完成 Chaincode 安装。

（3）实例化。实例化过程调用 LSCC，在 Channel（Ledger 上包含特定 Peer 节点的私有链）上启动一个 Chaincode，实现 Chaincode 与 Channel 的绑定。实例化交易执行过程中，验证 Chaincode 的实例化策略，以确保实例化交易执行的合法性。实例化成功后，Chaincode 即处于激活状态，时刻监听并接收交易请求。

（4）升级。升级过程类似于实例化过程，即修改新的 Chaincode 版本并与 Channel 绑定。为保证升级该 Chaincode 的合法性，该过程需验证当前旧版本的实例化策略。

（5）删除。删除过程只需删除对应的容器，同时删除每个安装 Chaincode 的背书节点上的 SignedCDS。

编写 Chaincode 智能合约时需要实现 Chaincode 接口，以响应传来的交易消息，Init 和 Invoke 是两个必需接口，分别实现智能合约的部署（实例化、升级等）和交易调用。

3. 运行流程

Chaincode 在超级账本上部署及运行的流程如图 4-11 所示。

超级账本 Chaincode 的运行流程包括以下三个阶段。

（1）提案。应用程序创建一个包含账本更新的交易提案，并将该提案发送给 Chaincode 中背书策略指定的背书节点集合（endorsing peers set）作签名背书。每个背书节点独立地执行 Chaincode 并生成各自的交易提案响应后，将响应值、读/写集合和签名等返回给应用程序。当应用程序收集到足够数量的背书节点响应后，提案阶段结束。

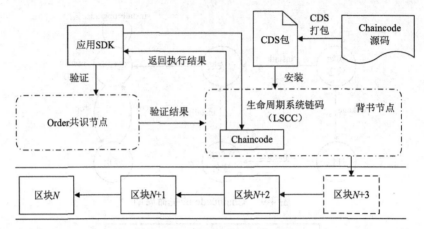

图 4-11　Chaincode 在超级账本上部署及运行的流程

（2）打包。应用程序验证背书节点的响应值、读/写集合和签名等，确认所收到的交易提案响应一致后，将交易提交给 Order 共识节点。Order 共识节点对收到的众多交易进行排序并分批打包成数据区块后将数据区块广播给所有与之相连接的 Peer 节点。

（3）验证。与 Order 共识节点相连接的 Peer 节点逐一验证数据区块中的交易，确保交易严格依照事先确定的背书策略由所有对应的组织签名背书。验证通过后，所有 Peer 节点将新的数据区块添加至当前区块链的末端，更新账本。此阶段不需要运行 Chaincode，Chaincode 仅在提案阶段运行。

不同于比特币、以太坊等全球共享的公有链，Fabric 虽然也是开源的，但是超级账本只允许获得许可的相关商业组织参与、共享和维护，Fabric 主要是为联盟链服务的，其更加强调商业需求和实际应用需要。由于这些商业组织之间本身就有一定的信任基础，超级账本被认为并非完全去中心化。

4.5.4　以太坊和超级账本智能合约的比较

目前各大区块链平台和厂商都添加了智能合约模块，由于区块链种类及运行机制的差异，不同的应用平台上智能合约的运行机制有所不同，以太坊和超级账本是两个应用广泛的智能合约平台，但两者在架构设计上面向不同的应用领域。前者定位为完全独立于任何特定应用领域的通用平台，具有对应的账户和代币功能，允许智能合约作为特殊的账户部署在区块链节点上，应用程序通过 API 调用节点上的智能合约来产生交易，变更区块状态。后者采用模块化和可扩展的架构，不具有自身的代币，共识机制采用 PBFT 而非以太坊的 PoW，具有较高的共识效率，而且共识服务从背书节点分离，形成独立的可插拔模块，可扩展性强。其主要作为联盟链，面向银行、医疗保健和供应链等行业。因此，基于两个平台的智能合约也具有各自的特点。以太坊和超级账本智能合约的比较如表 4-3 所示。

表 4-3 以太坊和超级账本智能合约的比较

智能合约特性	以太坊平台	超级账本平台
执行环境	以太坊虚拟机（EVM）	容器
编写语言	Solidity/Serpent/Mutan	Go/Java
合约部署	作为交易广播到所有节点，通过矿工挖矿完成部署	直接在所有节点部署
合约升级	无法升级	1.0 版本可以升级
合约间调用	可调用	许可后可调用
合约终止方式	计步/计价，引入 Gas 消耗，对每一个执行指令都消耗 Gas，消耗完毕强行终止	计时，以运行时间为标准来判定程序是否进入无限循环，超时后强行终止
库函数	少量对整数、字符串、JSON 等封装的库	Go 库
加密货币	内置加密货币 Ether，可以利用合约交易加密货币或创建 Token	无内置加密货币，但可利用 Chaincode 创建 Token

4.6 智能合约的应用

基于"事件触发"机制是智能合约执行的特点。基于区块链的智能合约包括交易处理和存储机制，以及用于接收和处理各种智能合约的完整状态机。此外，智能合约将定期遍历状态机和每个合约的触发条件，并将符合触发条件的合约推入队列进行验证。本节根据目前智能合约的发展情况，介绍智能合约的主要应用领域。

4.6.1 金融

区块链的账本属性使智能合约在金融领域有显著的技术优势：区块链提供的点对点、去信任交易环境和强大的算力保障可简化金融交易的流程，确保金融交易的安全，可追溯、不可篡改、公开透明的分布式账本便于金融机构对交易行为进行监管。在此基础上，智能合约不仅可以利用自动执行的代码封装节点复杂的金融行为，以提高自动化交易水平，而且可以将区块链上的任意资产写入代码或进行标记以创建智能资产，实现可编程货币和可编程金融体系。

基于这些技术优势，由高盛、摩根大通等财团组成的 R3 区块链联盟率先尝试将智能合约应用于资产清算领域，利用智能合约在区块链平台 Corda 上进行点对点清算，以解决传统清算方式需要涉及大量机构完成复杂审批和对账所导致的效率低下问题。目前，已有超过 200 家银行、金融机构、监管机构和行业协会参与了 Corda 上的清算结算测试。

此外，智能合约也可为保险行业提供高效、安全、透明的合约保障，提高索赔处理的速度，降低人工处理索赔的成本。Gatteschi V 与 Bertani T 设计了一种旅行保险智能合约，一旦合约检测到如航班延误等满足要求的赔偿条件即可自动补偿旅客。智能合约还可应用于电子商务，智能合约降低了合约的签订成本，合约双方无须支付高昂的中介费用，且可利用智能合约自动完成交易。ECoinmerce 是一种去中心化的数字资产交易市场，借助智能合约，任何用户可在 ECoinmerce 上创建、购买、出售和转租他们的数字资产。

4.6.2　数字货币

2020 年 8 月 14 日，商务部印发《全面深化服务贸易创新发展试点总体方案》，在"全面深化服务贸易创新发展试点任务、具体举措及责任分工"部分提出：在京津冀、长三角、粤港澳大湾区及中西部具备条件的试点地区开展数字人民币试点。2022 年 8 月 23日，数字人民币（试点版）APP 上新"随用随充"功能，即银行卡账户资金与数字人民币钱包之间的自动充钱功能。

数字人民币智能合约目前已经在政府补贴、零售营销、预付资金管理等领域成功应用，随着底层平台和相关制度安排的逐步完善，将在更大范围内加速落地。随着金融科技的快速发展，智能合约的技术运行条件已经不再是障碍，智能合约是否能广泛应用，更多地取决于能否建立起可信的、开放的生态体系。

当消费者向商户预付资金时，运营机构为每位消费者创建一个加载了智能合约的数字钱包。这样一来，一方面将合同条款写入智能合约，商户不能随意划转消费者预付的资金；另一方面，在实际消费之前，预付资金仍然归消费者所有，即使商户破产清算，也能保护消费者的资金安全。

具体来看，当消费者实际完成消费后，商户发起智能合约的执行请求，智能合约检查是否符合约定的执行条件，符合条件的，才能将预付资金划拨至商户，从技术上排除了人为操作挪用预付资金的可能。消费者能在数字人民币 APP 看到每笔资金动账明细，让消费者更加安心。商户也能通过运营机构的服务渠道，看到预付资金的实时状态，便于开展经营安排。

数字人民币智能合约的应用场景比较广泛，可以降低经济活动的履约成本，优化营商环境，推动数字经济深化发展。目前，数字人民币智能合约已经在政府补贴、零售营销、预付资金管理等领域成功应用。随着底层平台和相关制度安排的逐步完善，数字人民币智能合约将在更大范围内加速落地。

4.6.3　管理

传统的组织采用自上而下的"金字塔型"架构，存在机构臃肿、管理层次多、管理成本高等问题。智能合约和 DAO 将给管理领域带来革命性影响，使每个个体均参与组织的治理，提高组织决策民主化。

DAO 可以粗略地定义为区块链上存在的社区，该社区可以通过一组规则来定义，这些规则通过智能合约来体现并放入代码中。每个参与者的每个行动都将受到这些规则的约束，其任务是在程序中断的情况下执行并获得追索权。许多智能合约构成了这些规则，它们协同监管和监督参与者。

名为"创世纪 DAO"的 DAO 是由以太坊参与者于 2016 年 5 月创建的。该社区旨在成为众筹和风险投资平台。在极短的时间内，他们设法筹集了惊人的 1.5 亿美元。然而，黑客在系统中发现了漏洞，并设法从众筹投资者手中窃取价值约 5000 万美元的以太币。这次黑客破坏导致以太坊区块链分裂为两个，即以太坊和以太坊经典。

目前，智能合约在管理领域的应用尚处于初级阶段。随着区块链技术的发展，绝大多数业务流程的控制流及业务逻辑将会被编码为智能合约，从而使得业务流程相关的程序、项目、运营管理等更加去中心化和安全可信。例如，在选举投票领域，智能合约通过预先设置好的规则可以低成本、高效率地实现政治选举、企业股东投票等，区块链保障了投票结果的真实性和不可篡改性。

4.6.4 医疗

医疗技术的发展高度依赖历史病例、临床试验等医疗数据的共享，但由于医疗数据不可避免地包含大量个人隐私数据，其访问和共享一直受到严格的限制。患者难以控制自己的医疗数据访问权限，其隐私性难以得到保证。医疗工作者需花费大量时间、精力向相关部门提交申请进行权限审查并在数据使用前完成数据校验以保证数据可靠性，导致工作效率很低，并且存在医疗数据被篡改、泄露及数据传输不安全等风险。

基于区块链的医疗智能合约可有效解决上述问题。在区块链去中心化、不可篡改、可追溯的网络环境中，医疗数据可被加密存储在区块链上，患者对其个人数据享有完整的控制权。通过智能合约设置访问权限，用户可实现高效安全的点对点数据共享，无须担心数据泄露与篡改，数据可靠性得到充分保障。例如，Kuo T T 等提出了名为ModelChain 的框架，该框架基于区块链进行医疗预测建模，每个参与者都可对模型参数估计做出贡献，而不需要透露任何私人健康信息。

4.6.5 物联网与供应链

传统的中心化互联网体系已经难以满足物联网发展需求。首先，物联网将产生海量数据，中心化的存储方式需要投入并维护大量的基础设施，成本高昂；其次，将数据汇总至单一的中心控制系统将不可避免地产生数据安全隐患，一旦中心节点被攻击，损失难以估计；最后，由于物联网应用将涉及诸多领域，不同运营商、自组织网络的加入将造成多中心、多主体同时存在，只有当各主体间存在互信环境，物联网才可协调工作。

物联网与去中心化、去信任的区块链架构的结合将成为必然的发展趋势，通过智能合约可实现物联网复杂流程的自动化，促进资源共享，保证安全与效率，节约成本。在区块链上部署基于智能合约的分布式链上应用，创建有商业价值的全新合约形式，如M2M（machine to machine，机器对机器）商业模式。区块链在 M2M 领域有着重要的应用，区块链采用去中心化的点对点通信模式，高效处理设备间的大量交易信息，这将会显著降低安装维护大型数据中心的成本。同时可以将计算和存储需求分散到组成物联网网络的各个设备中，有效地避免网络中的任何单一节点或传输通道被黑客攻破，导致整个网络崩溃的情况发生，保护整个信息物理系统的安全。

在区块链定义的规则下，设备被授权搜索它们自己的软件升级程序，确认对方的可信度，并且为资源和服务进行支付。机器可以通过区块链技术自动执行数字合约，而不再需要人为甄别真伪，这使得它们可以自我维持、自我服务，成为真正的智能设备。

智能设备间自动交易的能力会催生全新的商业模式，未来物联网中的每个设备都可以充当独立的商业主体，以很低的交易成本，与其他设备分享自己的能力和资源，如计算周期、带宽等。这会促使物理世界像数字世界一样个性化且高效地流动起来，给未来商业带来无限的想象空间。

与物联网类似，供应链通常包含许多利益相关者，如生产者、加工者、批发商、零售商和消费者等，其相关合约将涉及复杂的多方动态协调，可见性有限，各方数据难以兼容，商品跟踪成本高昂且存在盲点。通过将产品从生产到出售的全过程写入智能合约，供应链将具有实时可见性，产品可追溯、可验证，欺诈和盗窃风险降低，且运营成本低廉。

4.6.6 智能法律合约

智能法律合约包括不同方面所产生的权利和义务，并且在法律上可执行，通常以复杂的法律文本来表达，不仅涵盖个人行为，还可能涉及时间依赖和次序依赖等一系列依赖关系。在不涉及太多技术问题的情况下，智能法律合约是涉及严格的法律追索权的合同，以防参与合同的当事人不履行交易。不同国家和地区的现行法律框架对区块链上的智能和自动化合约缺乏足够的支持，其法律地位也不明确。但是，一旦制定了法律，就可以订立智能合约，以简化目前涉及严格监管的流程，如金融和房地产市场交易、政府补贴、国际贸易等。

法学专家普里马韦拉·德·菲利皮（Primavera de Filippi）以及亚伦·莱特（Aaron Wright）认为，区块链使公民更容易制定习惯法，在科技法律框架范围内，公民可以选择、施行自制的规则。

第5章
区块链开发平台

现在市场上区块链项目众多，其中的大部分项目是基于现有的区块链底层平台去开发自己的应用的。目前有三种主流的区块链底层平台：比特币、以太坊和超级账本 Fabric。

最早的区块链开发是基于比特币的区块链网络进行的，由于比特币是全球广泛使用和真正意义的去中心化应用，因此，围绕比特币的区块链技术非常多。

除比特币外，以太坊也是目前应用广泛的区块链平台。以太坊是一个图灵完备的区块链一站式开发平台，采用多种编程语言实现协议，并以 Go 语言编写的客户端作为默认客户端，支持其他多种语言的客户端。基于以太坊平台的应用是智能合约，这是以太坊的核心。

2014 年初，以太坊创始人维塔利克·布特林发表了《以太坊白皮书》，描述了一种以太坊新技术的理论。2014 年 4 月，以太坊联合创始人兼 CTO 加文·伍德博士发布了《以太坊黄皮书》，号称以太坊的技术圣经，将以太坊虚拟机（EVM）等重要技术规范化。2016 年，布特林发布了《以太坊紫皮书》，为解决区块链的效率和能耗问题提供了一种将权益证明（PoS）和基于分片证明合并的解决方案，包括提高可扩展性、确保经济终结性和提高计算机抗审查性等。

超级账本 Fabric 也是应用比较广泛的区块链开发平台。Fabric 源于 IBM，其初衷是服务于工业生产，IBM 将其 44000 行代码开源，使用户可以有机会去探究区别于比特币的区块链的原理。

5.1 区块链开发平台简介

区块链源自比特币的底层技术。比特币系统使用的是未花费的交易输出（UTXO）交易模型，在转账交易中对相关的比特币在区块链网络的抽象数据记录进行签名认证，转移其所有权，比特币交易中操作的核心内容是电子货币本身在网络中的抽象数据实体。

2013 年 12 月，维塔利克·布特林提出了以太坊区块链平台，除可基于内置的以太币（ETH）实现数字货币交易外，还提供了图灵完备的编程语言以编写智能合约，从而首次将智能合约应用到区块链。

2015 年 12 月，Linux 基金会发起了超级账本开源区块链项目，旨在发展跨行业的商业区块链平台。超级账本提供了 Fabric、Sawtooth、Iroha 和 Burrow 等多个区块链项目，其中最受关注的项目是 Fabric。不同于比特币和以太坊，超级账本 Fabric 专门针对企业级的区块链应用而设计，并引入成员管理服务。

2016 年 4 月，R3 公司发布了面向金融机构的分布式账本平台 Corda，该公司发起的 R3 联盟包括花旗银行、汇丰银行、德意志银行、法国兴业银行等 80 多家金融机构和监管成员。

2016 年 2 月，BigchainDB 公司发布了可扩展的区块链数据库 BigchainDB。BigchainDB 既拥有高吞吐量、低延迟、大容量、有效查询和授权管理等分布式数据库的优点，又拥有去中心化、不可篡改、资产传输等区块链的特性，因此被称为在分布式数据库中加入了区块链特性。

2017 年 1 月，国内的众享比特团队发布了号称全球首个基于区块链技术的数据库应用平台 ChainSQL。ChainSQL 基于插件式管理，其底层支持 SQLite3、MySQL、PostgreSQL 等关系数据库。2017 年 4 月，腾讯发布了可信区块链平台 TrustSQL，致力于提供企业级区块链基础设施及区块链云服务。

表 5-1 分别从准入机制、数据模型、共识算法、智能合约语言、底层数据库、数字货币几个方面对常用区块链平台进行了对比。

表 5-1　区块链平台对比

区块链平台	准入机制	数据模型	共识算法	智能合约语言	底层数据库	数字货币
比特币	公有链	基于交易	PoW	基于栈的脚本	LevelDB	比特币
以太坊	公有链	基于账户	PoW/PoS	Solidity/Serpent	LevelDB	以太币
超级账本 Fabric	联盟链	基于账户	PBFT/SBFT	Go/Java	LevelDB/CouchDB	—
超级账本 Sawtooth	公有链/联盟链	基于账户	PoET	Python	—	—
Corda	联盟链	基于交易	Raft	Java/Kotlin	常用关系数据库	—
Ripple	联盟链	基于账户	RPCA	—	RocksDB/SQLite	瑞波币
BigchainDB	联盟链	基于交易	Quorum Voting	Crypto-Conditions	RethinkDB/MongoDB	—
TrustSQL	联盟链	基于账户	BFT-Raft/PBFT	JavaScript	MySQL/MariaDB	—

5.2　以　太　坊

5.2.1　以太坊的特点

以太坊区块链作为一个开放的公有链平台,通过支持去中心化的 EVM 来实现智能合约功能,然后通过智能合约功能来处理点对点的交易。

维塔利克·布特林于 2014 年发表的《以太坊白皮书》中提出了以太坊的概念,该概念的提出受到了比特币的启发,致力于打造第二代的去中心化应用和数字货币平台,并于 2014 年在网络上发起 ICO(initial coin offering,首次币发行)众筹,投资人用比特币向基金会购买以太币。目前,以太币的市值稳居数字货币第二位,仅低于比特币的市值。

以太坊提出了区块链 2.0 的概念。区块链 1.0 是从比特币衍生出来的概念,是一种分布式账本,目标是实现货币的去中心化,最多的应用是转账、汇款和数字化支付等,其作用不能超出货币职能的范围。而区块链 2.0 拥有智能合约的概念,智能合约与货币相结合,给金融领域提供了更加广泛的应用。

以太坊的核心与比特币系统本身虽然没有本质的区别,但以太坊全面实现了智能合约功能,支持了智能合约代码编写,让区块链技术超出了货币的应用局限,适应了更多的应用场景。作为区块链技术 2.0 的典型代表,以太坊具有以下特点。

1. 支持智能合约

与区块链 1.0 相比,区块链 2.0 的最大突破是使用了以太坊的底层应用平台。开发者可以在这个平台上编写和发布各种类型的智能合约,用来实现应用程序的功能,并能通过 Web3.js 与其他外部的电子网络系统进行数据的交互和处理,从而在各种应用场景中得到广泛的应用。

2. 交易速度显著提高

通过采用新的共识算法(如 PoS、DPoS 等),在区块链 2.0 时代区块链系统的交易速度有了显著的提高,已经可以满足绝大多数应用场景对交易速度的需求。

3. 支持信息加密

区块链 2.0 通过智能合约能对发送和接收的信息进行加密和解密,有效地保护了企业和用户隐私。同时零知识证明、环签名、同态加密等先进密码学技术的应用进一步推动了隐私保护。

4. 无资源消耗

为了达到对网络共识的维护目的,出现了一些新的共识算法和应用,使区块链的各个节点不再需要通过消耗计算能力达成共识,即对资源实现了零消耗。

5.2.2 以太坊的发展阶段

2013 年，以太坊的创始人维塔利克·布特林从大学退学，希望找到合适的团队共同改进比特币，然而在认识到区块链技术有更大的发展空间后，他决定放弃比特币，转而开发自己的区块链平台。2013 年 11 月，布特林发布了以太坊初版白皮书，并在 2014 年通过 ICO 进行了众筹，同年布特林进行了初代平台的设计和开发。以太坊的发展从白皮书发布开始就有了清晰的路线规划。

以太坊在设计之初决定采用 PoS 共识算法，但由于当时 PoS 共识算法并不成熟，以太坊前期采用成熟的工作量证明（PoW）算法，之后转到 PoS 算法。根据以太坊的发展路线，总共经历前沿（frontier）、家园（homestead）、大都会（metropolis）、宁静（serenity）四个发展阶段（图 5-1），宁静即是以太坊 2.0。每个发展阶段都会增加新的特征、提高可用性和网络安全性，从而不断提高以太坊的扩展性。

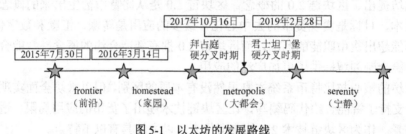

图 5-1　以太坊的发展路线

1. 前沿

2015 年 7 月 30 日，以太坊创世区块生成，以太坊网络第一次上线，提供了挖矿接口，开发者可以在上面挖以太币，并规定了区块链奖励政策：矿工挖出新块并被确认后，可以获得 5ETH 奖励。

以太坊提供了上传和执行合约的方法，但是每个区块的 Gas 上限被硬编码为 5000，这意味着这段时间以太坊的大规模开发和交易受到限制。几天后，矿工正常操作使用网络后，Gas 上限会自动解除，之后以太坊网络就可以按预期处理交易和执行合同。

2015 年 9 月 7 日，以太坊升级之后，区块高度达到 200000，并引入难度调整机制，也称为"难度炸弹"。引入难度炸弹的目的是给网络提供一个从 PoW 迁移至 PoS 的机制，当算力太高导致矿工无法挖出任何一个区块的时候，就是网络转换为 PoS 的最好时机。

在前沿阶段，以太坊网络没有图形化操作界面，所有客户端操作只能通过命令行实现。这种粗糙的操作界面对普通用户非常不友好，所以最初的以太坊用户仅限于熟悉代码的开发者。这一时期的以太坊的目标是提供一个正常的区块链网络，创建一个可用的环境，使采矿和交易能够正常进行，并使开发者能够测试各种分布式 DAPP，进行开拓性的原始探索。

虽然前沿只是测试版，但它的表现已经超出了人们的预期。大量矿工进入网络开始采矿，并获得代币奖励。它们提高了以太坊网络的计算能力和对抗黑客攻击的能力。前沿是以太坊发展的第一个里程碑。

2. 家园

2016 年 3 月 14 日，以太坊第一次硬分叉，也是以太坊第二阶段"家园"开始的日期。2016 年 3 月，以太坊发布了第一个正式版本，最重要的功能是优化了智能合约，并为智能合约语言 Solidity 引入了全新的代码。另外，还在该版本中发布了桌面端钱包 Mist，用户可以通过 Mist 持有资产或使用智能合约。后来，Mist 项目在 2019 年初宣布终止。

家园版是以太坊第一个稳定版的网络，标志着以太坊能够平稳运行，不再是不安全和不可靠的网络；但是在技术上，与前沿版相比，并没有特别明显的突破。家园版引入了 Mist 钱包，提供了图形界面的 Mist 钱包客户端，让用户可以方便地持有或者交易 ETH。以太坊不再只是技术人员的开发工具，普通用户也可以方便地体验和使用以太坊。

3. 大都会

大都会阶段分为两次升级，分别是 2017 年 10 月 16 日的拜占庭升级和 2019 年 2 月 28 日的君士坦丁堡升级，目的是为以太坊由 PoW 机制向 PoS 机制过渡做准备。

2017 年 10 月 16 日，拜占庭计划在 4370000 区块上高度被激活，成功完成分叉，此次硬分叉包含了九个改进提案。除与操作码、智能合约等底层相关的更新之外，还将难度炸弹推迟至一年半之后，并将区块奖励从 5ETH 减少为 3ETH。在拆除难度炸弹之前，区块生成时间接近 30 秒。

2019 年 2 月 28 日，君士坦丁堡硬分叉在几经推迟之后，在区块高度达到 7280000 时被触发，这是以太坊基金会进行"大都会"的最后一步。君士坦丁堡上线，让以太坊变得更轻量、更快速、更安全。

君士坦丁堡升级总共包括五个改进协议，这一次升级影响最大的是区块奖励，对矿机厂商和矿工，甚至以太坊挖矿生态都会产生比较大的影响和调整。因为挖矿收益减少，机会成本增加，在以太坊上挖矿将会变得性价比低于其他币种，因此可能会有不少以太坊矿工转而去挖 ETC，而矿池也很有可能为了留住矿工慢慢转向其他币种。

以太坊 2.0 将随着两次升级的成功而开启，在"宁静"到来之前，以太坊还经历"伊斯坦布尔"和"以太坊 1.X"两个阶段。伊斯坦布尔硬分叉于 2019 年 12 月 8 日，在高度 9069000 成功启动，提出了六个改进提案。以太坊这次升级实现了提高性能、优化成本、改进与 Zcash 的互操作性，并支持围绕智能合约的更有创造性的功能。

4. 宁静

这是以太坊的最后发展阶段，意味着一个功能完善、稳定的时期，以太坊因此走向"宁静"，也就是我们熟知的以太坊 2.0 时期。

以太坊的最后一个里程碑——宁静阶段，将带来一个重大变化，即我们期待已久的 PoS 共识，以太坊的区块链共识算法将从 PoW 变为 PoS，这些更新都将有助于以太坊的扩展，提高以太坊的交易速度、降低交易费用。

5.3 以太坊的基本概念

以太坊区块链平台以其原生货币以太币为基础，构建了一个支持智能合约的去中心化应用平台。以太坊区块链内部实现了一个支持图灵完备语言的 EVM，并设计实现了相应的图灵完备的高级语言，如 Solidity。

5.3.1 账户

1. 以太坊账户的概念

严格来说，比特币没有实际账户的概念，在比特币的账户体系里只有 UTXO。用户通过带有自己地址的输出 UTXO 的金额计算出自己的余额，类似于现实生活中的纸币，每次交易都会消耗整数个 UTXO，并且产生新的 UTXO。例如，Alice 有一个 100 比特币的支票，要给 Bob 转账 50 比特币。在 Alice 给 Bob 转了 50 比特币后，剩余的 50 比特币会转给 Alice 自己的另外一个地址，这样 Alice 就得到一张新的 50 比特币的支票，而 Alice 原来的 100 比特币的支票就被销毁掉。因此，比特币的账户体系就是未花费的输出。

以太坊区块链平台和比特币系统的交易模型有较大区别，以太坊的核心就在于拥有了账户的概念。以太坊区块链平台使用的交易模型为账户模型，在账户模型中系统维护着每个账户的独立状态，账户状态中包含该账户的以太币余额等信息。在以太币转账交易中直接对交易相关账户的状态进行更改，因此在以太坊交易中系统操作的核心数据是每个账户在区块链系统的存储状态。

账户是以太坊的基本单元，是具有以太币余额的实体，可以在以太坊上发送交易，可以由用户控制或作为智能合约进行部署。每个账户都有一个 20 字节长度的地址。账户的状态时刻被以太坊追踪监控着，通过以太币的转移和消息的传递来修改账户的状态。

2. 以太坊账户的类型

以太坊区块链的账户可分为两类：外部账户和合约账户。这两类账户有两个共同点：一是都可以发送、持有和接收以太币和代币，二是可以与已部署的智能合约进行交互。外部账户记录着该账户的账户余额、该账户当前已经发布的交易的数目等，通过私钥对账户进行控制。外部账户可以主动发起一个交易并调用某些合约账户。合约账户由合约代码来控制，且只能由一个外部账户来操作。合约账户不能主动发起一个交易，所有的交易都必须由外部账户发起。

在创建账户方面，外部账户不需要任何的花费，而合约账户则因为需要使用网络存储需要额外开销。外部所有的账户没有代码，人们可以通过创建和签名一笔交易从一个外部账户发送消息。每当合约账户收到一条消息，合约内部的代码就会被激活，允许它对内部存储进行读取和写入，以及发送其他消息或者创建合约。

当进行不同合约账户之间的调用时，需要通过外部账户发起一个交易，并通过该交易调用内部的合约账户,再通过内部的合约账户去调用其他的合约。合约账户通过合约账户的地址去调用合约。合约账户需要保存合约的相关代码、账户相关的状态及变量的取值等,如图5-2所示。

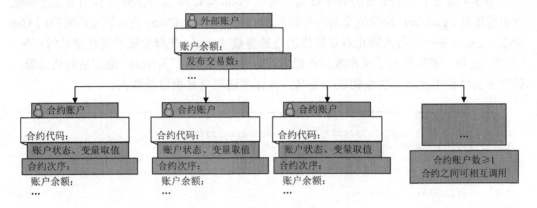

图5-2 以太坊区块链账户模型

3. 以太坊账户的组成

以太坊的账户是存储状态的基本对象单位。存储状态包含四个部分:账户随机数字段、以太币余额字段、账户的合约代码字段、合约存储字段。具体的以太坊账户组成如图5-3所示。

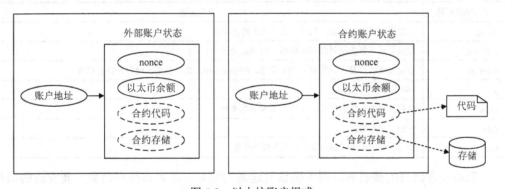

图5-3 以太坊账户组成

随机数字段用来确定账户的相关交易数,可以保证相同的交易只被处理一次。余额字段用来记录账户的以太币余额。合约代码字段和合约存储字段是合约账户特有的字段。合约代码字段持久存储在以太坊区块链上,和合约地址关联并且不可被篡改,在调用目标合约时会触发EVM执行调用的函数代码,合约代码的执行过程可能会对合约存储字段进行读写操作。合约存储字段也会持久存储在以太坊区块链上并作为以太坊平台的一种全局状态存在,和合约代码字段不同的是合约存储字段的内容是可更新的。

5.3.2 交易和消息

在以太坊中,交易(transaction)和消息(message)是两个概念。

1. 交易

以太坊中"交易"是指存储从外部账户发出的消息的签名数据。

图 5-4 展示了一笔交易的具体数据，其中 from 和 to 字段分别是交易的发送者和接收者的地址，gasLimit 是整笔交易所能消耗的 Gas 上限，gasPrice 是这笔交易对应的 Gas 价格，nonce 是一个用来防止双花操作的连续整数（nonce 在每个账户发送交易时产生，"双花"是指一笔钱被花了两次或两次以上，也叫"双重支付"），value 是交易的具体值。该交易需要使用发送者的私钥进行签名，以证明这笔交易来自发送人。

```
1  {
2      from: "0xEA674fdDe714fd979de3EdF0F56AA9716B898ec8",
3      to: "0xac03bb73b6a9e108530aff4df5077c2b3d481e5a",
4      gasLimit: "21000",
5      gasPrice: "200",
6      nonce: "0",
7      value: "10000000000",
8  }
```

图 5-4　一笔交易的具体数据

在以太坊协议中，交易是触发状态变化的唯一途径。交易数据的数据结构如表 5-2 所示。

表 5-2　交易数据的数据结构

字段名称	字段描述
nonce	由交易发送者发出的序列号，用于防止消息重播
gasPrice	交易发送者愿意支付的 Gas 价格（以 Wei 为单位）
startGas	交易发送者愿意支付的最大 Gas 数量，即 gasLimit。这个值要在交易开始前设置
to	160 位的接收者地址
value	转移到接收者账户的 Gas 数量，以 Wei 为单位
data	变长二进制数据
v,r,s	交易发送者的 ECDSA 签名的三个组成部分

交易包含消息的接收者、用于确认发送者的签名、以太币账户余额、要发送的数据和两个被称为 startGas 和 gasPrice 的数值。

（1）startGas 和 gasPrice。为了防止代码的指数型爆炸和无限循环，每笔交易需要对执行代码所引发的计算步骤，包括初始消息和所有执行中引发的消息做出限制。startGas 通过需要支付的 Gas 对计算步骤进行限制。gasPrice 是每一计算步骤需要支付矿工的费用。如果执行交易的过程中，Gas 用完了，所有的状态改变恢复原状态，但是已经支付的交易费用不可收回了。当执行交易中止时还剩余 Gas，那么这些 Gas 将退还给发送者。

（2）nonce 字段。nonce 是以太坊网络用来跟踪账户状态、避免多重支付和重放攻击的一个流水号，它是与发送的交易数量相等的标量值，或者对于具有关联代码的账户，表示此账户创建的合约数量。严格地说，nonce 是始发地址的一个属性，但是 nonce 并未作为账户状态的一部分显式存储在区块链中，而是根据来源于此地址的已确认交易的数量动态计算的。

以太坊网络根据 nonce 顺序处理交易，这意味着如果按顺序创建多个交易，并且其中一个交易未被处理，则所有后续交易将卡住，等待丢失的消息。例如，如果用 nonce1 发送一个交易，接着又发送一个具有 nonce2 的交易，则第二个交易先收到，也将存储在 mempool 中，以太坊网络会等待 nonce1 出现。在以太坊这样的分布式系统中，节点可能无序地接收交易。nonce 值可用于防止账户余额的错误计算。例如，假设一个账户有 10ETH 的余额，并且签署了两个交易，都花费 6ETH，分别具有 nonce1 和 nonce2。这两笔交易中哪一笔有效？nonce 强制任何地址的交易按顺序处理。这样，所有节点都会对 nonce1 的交易计算余额，成功支付 6ETH 的交易，账户余额减少为 4ETH，而 nonce2 的交易无效。即使一个节点先收到 nonce2 的交易，在处理完 nonce1 的交易之前也不会去验证它。使用 nonce 确保了所有节点正确地对交易进行排序，防止双重支付。

此外，交易可能因为 Gas 不足而无法继续进行。为了让交易继续进行，可使用相同的 nonce 但指定更高的 gasPrice 来替换那笔卡住的交易。一旦这笔交易得以处理上链，原来签名的那笔交易因为使用了相同的 nonce 就会被以太坊的节点抛弃。

（3）交易接收者。交易的接收者在 to 字段中指定，这是一个 20 字节的地址，可以是外部账户地址或合约账户地址。以太坊对这个字段并没有进行验证，任何 20 字节的值都被认为是有效的。也就是说，如果 20 字节的值对应于没有相应私钥的外部账户地址，或没有相应的合约，则该交易仍然有效。

（4）value 和 data。交易的主要负载包含在 value 和 data 两个字段中。交易可以同时具有 value 和 data，只有 value，只有 data，或没有 value 和 data，这四种组合都是有效的。

构建包含 value 的以太坊交易时，对于外部账户地址，以太坊将 value 添加到地址的余额中。如果目标是合约，则 EVM 将执行合约并尝试调用交易中 data 指定的函数。如果交易中没有 data，那么 EVM 将调用合约的 fallback 函数。

（5）签名数据。v, r, s 是交易签名数据的三个组成部分。一个正常的交易签名是通过椭圆曲线加密（ECC）算法，基于账户地址、交易数据和用户的私钥计算得到的一个 65 字节的二进制数据。其中前 32 字节数据是 r，第 33～64 字节数据是 s，第 65 字节数据是 v。实际开发中，交易签名可以通过以太坊客户端的 JSON-RPC 接口得到。

由于比特币是基于交易的模型，以太坊是基于账户的模型，所以它们对交易的签名与验证过程并不相同。如图 5-5 所示，以太坊的交易数据中只包含发送者的 ECDSA 签名，并不包含发送者的公钥和发送者的地址，因为基于 ECDSA 签名、原始交易数据和椭圆曲线参数可以恢复出发送者的公钥，然后对公钥进行 SHA3 哈希运算，即可计算出发送者的账户地址。如此设计可减少每笔交易的字节数，从而减少交易数据在存储和网络方面的开销。

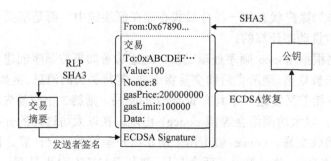

图 5-5　以太坊交易的签名与验证

2. 消息

以太坊的消息是不会被序列化的虚拟对象，仅存在于 EVM 中，而不会被记录到区块链中。消息是由合约发出的。从形式上看，消息很像交易，但它与交易有着本质的区别，一笔成功的交易会被永久记录到区块链中。在以太坊中，可以把消息看成 EVM 中的函数调用，智能合约在执行过程中，若调用了 Call 指令，便会产生并执行一个消息，接收方接收到一个消息时会导致接收方账户运行代码，合约间通过消息来相互作用。具体来说，调用是对合约的本地调用，它是只读的操作并且不会消耗以太币。它能够模拟交易的行为，但是在调用结束以后，它会返回至之前的状态。交易是会被广播至整个网络的，被矿工处理验证之后会被记录至区块链的区块中。

一般来说，一条消息包含以下几个部分：消息的发送者、消息的接收者、以太币的数量、可选字段、startGas、gasPrice。

5.3.3　交易费用

以太坊平台在某种意义上来说是一种去中心化的分布式计算机，交易的执行会消耗以太坊网络中节点的计算资源。为了应对拒绝服务（denial of service，DoS）攻击和缓冲以太币价格波动对矿工激励的影响，以太坊在交易执行中引入了 Gas 机制，通过 Gas 去量化交易的复杂度，保证公平性。Gas 被定义为以太坊平台上的计算资源计量单位。

Gas 是以太坊生态系统的燃料和命脉，以太坊中的所有交易都要消耗一定量的 Gas，就如同现实生活中汽车要运转，就需要加油并支付相应的费用。在以太坊中，汽车如同智能合约，汽油的计量单位是 Gas，加油站就是矿工。Gas 不能在以太坊中进行交易，更不能在以太坊外流通，因此矿工需将收到的 Gas 转换成以太币作为收益。以太坊通过一定的机制保证 Gas 兑换成以太币的过程中，Gas 的价值不会发生太大的变化。

为什么要用 Gas 支付而不是用以太币支付呢？EVM 可以执行的运算的 Gas 价格都在以太坊协议和连接到它的客户端中进行硬编码，如 Geth、Eth、Parity 等。如果代码用以太币的形式列出，那么每当以太币的价值波动时就必须更新代码，以便将计算工作的价格保持在正常范围内，并且保持系统可用，这显然是不可持续的。通过在成本之上添加这个 Gas 层，并用 GWei 支付 Gas 费用，可以选择改变交易中使用的 Gas 的数量及支付的金额。

1. gasPrice

以太坊提出了交易费用的概念，被称为 Gas。Gas 是用于衡量交易所消耗即计算所需要的费用，基本单位为 Wei，这是以太坊的最小费用单位。戴维是一位华裔计算机工程师，因对密码学和加密货币的贡献而闻名，他开发了 Crypto++ 密码库，创建了 B-Money 加密货币系统，并提出了 VMAC 消息认证码算法。2013 年，维塔利克·布特林便以他的名字命名了以太坊的最小费用单位 Wei。作为以太坊的最小费用单位，Wei 和以太币（ETH）之间的转换规则如表 5-3 所示。

表 5-3　Wei 和 ETH 之间的转换规则

单位	Wei 价值	Wei 值
Wei	1 Wei	1
KWei(babbage)	1e3 Wei	1000
MWei(lovelace)	1e6 Wei	1000000
GWei(Shannon)	1e9 Wei	1000000000
microether(szabo)	1e12 Wei	1000000000000
milliether(finney)	1e15 Wei	1000000000000000
ETH	1e18 Wei	1000000000000000000

Gas 的价格 gasPrice 是用户希望花费在每单位 Gas 上的以太币总量，以太坊通过设定 gasPrice 来保证效率和资源的高效调配，最终的手续费为

$$totleFee = Gas \times gasPrice$$

例如，Alice 要支付 1ETH 给 Bob。在交易中，Gas 为 20000，gasPrice 为 200GWei。那么总费用 totleFee 为

$$totleFee = 20000 \times 200GWei = 4000000GWei 或 0.004ETH$$

当 Alice 转账时，要从 Alice 的账户中扣除 1.004ETH。Bob 将得到 1ETH，矿工将得到 0.004ETH。

上面是最基本的转账操作，而对于部署智能合约这样的"交易"，Gas 的计算就没这么简单了。智能合约花费的 Gas 主要与其代码及存储位置有关，即一个是计算资源，一个是存储资源。

2. gasCost

gas 是如何量化的呢？将合约编译成字节码在 EVM 中执行，字节码和汇编程序差不多，就是把程序转换成底层的各种运算，如加减乘除、数据存储、语句等。以太坊平台中定义了 EVM 运算对应的 Gas 数量，即 gasCost。对所有的运算进行统计，将整个执行过程所有字节码费用加起来，就是本次交易的 Gas 总费用，进一步计算提交交易消耗的以太币数额。

gasCost 是一个恒定的值，几乎不会发生变化。一般来讲，这些数值反映了执行相应运算的时间成本和占用的存储资源。表 5-4 列出了一些常用运算的 Gas 费用标准。

表 5-4 常用运算的 Gas 费用标准

EVM 操作	Gas 费用/Wei	说明
Step	1	执行一次循环费用
Stop	0	合约终止
SHA3	20	执行一次 SHA3 费用
Sload	20	执行一次 Sload 费用
Sstroe	100	执行一次 Sstroe 费用
Balance	20	执行一次 Balance 费用
Create	100	执行一次 Create 费用
Call	20	执行一次 Call 费用
Memory	1	超出内存,每字节费用
Txdata	5	交易代码或数据,每字节费用
Transaction	500	交易费用

以太坊采取这种使用者付费的模式,能够避免资源的滥用。一旦必须为每种运算支付费用,使用者就会尽量将代码写得简洁高效。Gas 还能阻止攻击者通过无效运算对以太坊网络进行泛洪攻击。

3. gasLimit

gasLimit 表示交易发送方最多能接受多少 Gas 被用于执行此交易。有时候用户无法确切知道执行一笔交易要耗费多少 Gas;或是在智能合约中,有可能存在死循环 bug。假如没有 gasLimit,会导致发送方的账户余额被误消耗殆尽。gasLimit 是一种安全机制,防止有人因为错误估算或 bug 而把账户中所有以太币消耗掉。

另外,gasLimit 也可以看成预付的 Gas。当节点验证交易时,先将 gasPrice 乘 gasLimit 算出交易的固定成本。如果交易发送方的账户余额小于交易固定成本,则该交易视为无效。交易执行完之后,剩余的 Gas 会退回至发送方账户;如果交易执行中 Gas 耗尽,则不会退回任何东西。因此交易发送方总是将 gasLimit 设得高于预估的 Gas 数量。

每次交易,交易发送方即转账人都会设置 Gas 价格 gasPrice 和 Gas 限制 gasLimit。gasPrice 和 gasLimit 代表了转账人愿意为交易支付的最大数量的 Wei。例如,若转账人设置 gasLimit 为 50000,gasPrice 为 20GWei,则意味着转账人愿意最多支付 50000×20GWei = $1×10^{15}$Wei = 0.001ETH。

4. London 升级

以太坊的 Gas 计费规则在 2021 年 8 月 5 日进行了一次升级,即 London 升级。根据以太坊的 London 升级规范,纳入本次计划的 EIP 共有 5 个,分别是 EIP-1559、EIP-3198、EIP-3529、EIP-3541、EIP-3554。其中 EIP-1559 主要改变了以太坊的 Gas 计算方式。

如前所述,用户可以在以太坊上通过 gasLimit 设置愿意为交易支付的手续费用,矿工根据出价高低决定将哪笔交易填入区块并获取手续费作为报酬。这种模式下,用户的出价完全由自己决定,但缺乏一定的依据。在交易较为拥堵的时期,为了使自己的交易得到优先处理，用户不得不无限制地提高出价，这在一定程度上提高了以太坊上的交易成本。

EIP-1559 将交易费用改为固定费用+小费的形式。固定费用取决于目前网络情况，由交易系统给出，假如用户觉得这一费用过高，可以取消该笔交易。小费则是用户为了使自己的交易得到优先处理愿意支付的额外费用。

更重要的是，EIP-1559 更改了 Gas 机制。用户支付的费用中的固定部分将不再归矿工所有，而是直接销毁。这一改动的目的是降低以太坊的通胀水平，甚至使以太坊通缩以减少系统中发行的以太坊总量，提高以太坊的单位价值。

5.3.4 以太币

以太币是以太坊的一种数字代币，被视为比特币 2.0 版。开发者需要支付以太币来支撑应用的运行。与其他数字货币一样，以太币可以在交易平台上买卖。

从图 5-6 中可以看出，比特币（BTC）、以太币（ETH）和瑞波币（XRP）的币值在2015—2016 年呈现出稳步增长的趋势，2017 年三种数字货币的币值都快速上涨并于2018 年 1 月前后达到最高点。以太币对于比特币网络的改进最富有创新性，也是广受业界关注的，因而其价格走势也随着比特币的变化而波动。

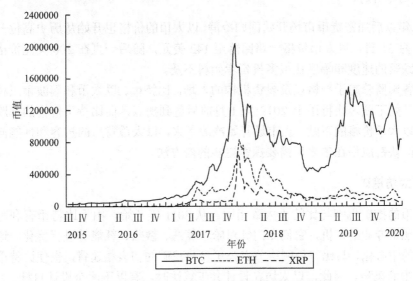

图 5-6 比特币、以太币和瑞波币币值走势图

如图 5-6 所示，以太币在短短五年内价格剧烈波动。以太币的价格曾经冲高至 1400美元，也快速跌落回几百美元。以太币的发展主要有以下几个阶段。

1. 初生阶段

初生阶段即 2015—2016 年。以太坊团队曾于 2014 年对外公开众筹，开放短时间内的以太币预售，募集到 3 万以太币，发售出近 6 亿以太币，得到了以太坊初期建设资金。但是这个时期的以太币并没有正式在交易平台上交易。直到 2015 年以太坊上线，同年 7

月以太币才开始正式在交易平台上交易。这时数字货币被投资者广泛关注，而以太币也在这个阶段成为加密货币的明星。

2015 年 10 月 22 日，以太币价格还徘徊在 0.42 美元附近，随后一路上涨，并在 10 月 30 日涨至 1.16 美元，不到十天以太币价格上涨了近三倍。由于以太币尚未进入实际应用阶段，价格一直在震荡上行，但未出现快速上涨的情况。

2. 泡沫阶段

泡沫阶段即 2016 年初至 2017 年末。2016 年初，以太坊智能合约的区块链应用开始上线，以太坊走上实际应用阶段。这时加密货币热度暴涨，以太币也在市场狂欢的过程中一度暴涨。

2017 年 10 月，芝加哥商品交易所上线比特币期货合约，再次激发了人们对数字货币的热情，造成数字货币币值的进一步上涨并达到峰值。2017 年的后两个季度，以太币价格开始疯涨，一度涨至历史顶点 1400 美元。加密货币市场充满了价格泡沫，不理性的投资者疯狂购买和持有以太币。对比 2017 年初的以太币价格，以太币投资者在年末得到了近百倍的收益回报。

3. 市场冷静阶段

2018 年以后加密货币市场开始回归冷静，以太币的价格也开始从历史高位一路腰斩。2018 年 7 月 31 日，以太币价格一路回落至 142 美元，随后一直在 200 美元价格区间内徘徊，其跌落的速度和幅度让很多投资者始料不及。

随着各国监管趋于严格以及投资机构的入场，比特币、以太币和瑞波币三种数字货币的价格开始下跌。比特币于 2019 年 1 月前后达到拐点，而比特币价格的暴跌也进一步刺激了以太币价格的下跌。当市场开始冷静下来，以太币背后的扩容和性能问题也不断暴露，区块链应用在未来还需要探索更多的新方法。

5.3.5　以太坊挖矿

以太币的挖矿机制与比特币大致相同。从 2011 年开始，由于比特币有利可图，市场上就出现了专业的矿机，它们专门针对哈希算法、散热、耗能等进行优化。这很容易造成节点的中心化，与比特币网络节点公平参与挖矿的初衷相违背，也使比特币网络面临 51%攻击的风险。因此，以太坊在设计共识算法时，有以下两个设计目标。

（1）抗 ASIC 性，即为算法创建专用硬件的优势应尽可能小，理想情况是即使开发出专有的集成电路，加速能力也足够小，使得普通计算机用户仍可获得一定的利润。

（2）轻客户端可验证性，即一个区块应能被轻客户端快速有效校验。

以太坊仍使用 PoW 机制进行挖矿，其哈希算法为 Ethash。Ethash 是以太坊基于 PoW 的一个共识算法，它的前身是 Dagger-Hashimoto 算法。Hashimoto 算法是由 Thaddeus Dryja 提出的，旨在通过 I/O 限制来抵制矿机。在挖矿过程中，使内存读取限制条件，由于内存设备本身会比计算设备更加便宜、普遍，在内存升级优化方面，全世界的大公司也都投入巨大，以使内存能够适应各种用户场景，所以有了随机访问内存的概念，因此，现有的内存可能会比较接近最优的评估算法。Dagger 算法是维塔利克·布特林发明的。它利用了同时实现 Memory-Hard Function 内存计算困难但易于验证 Memory-easy verification 的特性，这也是哈希算法的重要特性之一。但后来 Dagger 算法被 Sergio Lerner 证明易于受到共享内存硬件加速的攻击。

Dagger-Hashimoto 算法和 Hashimoto 算法是有区别的。Hashimoto 直接使用区块链数据作为输入源，而 Dagger-Hashimoto 使用一个定制的 1GB 的数据集作为输入源，该数据集每隔 N 个区块会被更新。Dagger-Hashimoto 算法与 Dagger 算法也不同，Dagger-Hashimoto 用于查询区块的 dataset 是半持久化的，需要间隔很长一段时间才会更新。这样生成数据集的工作量比例接近于 0，Sergio Lerner 用于共享内存加速的参数就可以忽略不计了。

在对 Dagger-Hashimoto 算法进行大量修改后，形成了明显不同于 Dagger-Hashimoto 的新算法——Ethash。Ethash 算法的主要处理过程如图 5-7 所示。

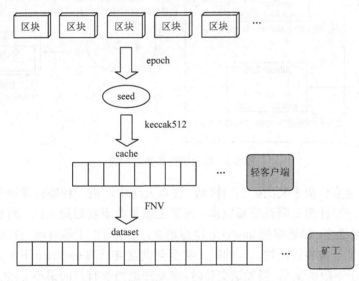

图 5-7　Ethash 算法的主要处理过程

Ethash 算法的处理步骤如下：

（1）根据区块信息生成一个种子 seed。

（2）根据 seed 计算出一个 16MB 的伪随机数 cache，由轻客户端存储。

（3）根据 cache 计算出一个 1GB 的数据集 dataset，其中的每个数据都是通过 cache 中的一小部分数据计算出来的。dataset 由完整客户端或者矿工存储，大小随时间线性增长。

（4）矿工会从 dataset 中随机取出数据计算哈希值。

（5）验证者会根据 cache 重新生成 dataset 中所需的那部分数据，因此只需要存储 cache 即可。

当矿工挖出新的区块后，会奖励一定的 Gas，并通过一定的机制将 Gas 兑换成以太币。创建区块时，矿工会从交易缓存池中选择交易并开始出块。每当矿工成功创建一个区块，就能获得定额的出块奖励及引用叔区块（uncle block）的奖励，同时能获得包含在这个区块中的所有交易的手续费。交易中的 gasPrice 设置得越高，矿工就能得到越多的交易手续费。

如图 5-8 所示，假设 Bob 的账户里有 200Wei，John 的账户里有 100Wei，他俩都想要发送一笔需要耗用 90Gas 的交易。Bob 设置 gasLimit=100，gasPrice=2；John 想将 gasLimit 设为 200，但他只有 100Wei，这样设置会使得交易固定成本高于账户余额。所以 John 最终设 gasLimit=100，gasPrice=1。当选择交易打包进块时，矿工倾向选择手续费更高的交易。Bob 的 gasPrice 比 John 的高两倍，两笔交易都需要 90Gas，矿工选择 Bob 的交易能获得两倍的手续费奖励，因此，矿工会选择 gasPrice 最高的进行交易。

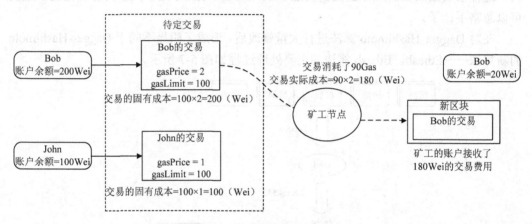

图 5-8　以太坊交易费用示例

由交易发送方付费来奖励矿工的机制，在以太坊中形成一种能自我调节的经济体系。交易发送方千方百计想要降低交易成本，而矿工总是希望收益最大化，两者形成一种平衡。作为交易发送方，如果你把 gasPrice 设得越高，意味着矿工越有动力打包你的交易，则你的交易能越早被装进区块。有的矿工甚至会设置自己的 gasPrice 下限，直接忽略那些 gasPrice 小于下限的交易。当发送交易时，很难知道当前有效的最小 gasPrice 是多少。有些工具能扫描整个以太坊网络，算出当前其他交易的 gasPrice 均值，帮助发送方选择能被矿工接受的合理 gasPrice。

5.3.6　状态转换

以太坊的本质就是一个基于交易的状态机（transaction-based state machine），其区块链中的每个区块就对应一个状态，每产出一个区块，以太坊中的状态就会转换到下一个状态。通过状态转换使以太坊中的所有节点保持数据的一致性。

以太坊平台中每笔交易的成功执行都会更新一次以太坊全局状态。状态更新函数为

$$Apply(Status, Tx) \rightarrow Status'$$

以太坊状态转换机制如图 5-9 所示。

调用合约函数的执行算法定义如下：

（1）检查交易的数据格式是否符合要求，签名是否有效，随机数是否与发送方账户

中的随机数相匹配。如果任一项检查不合格，则返回错误信息，终止交易。

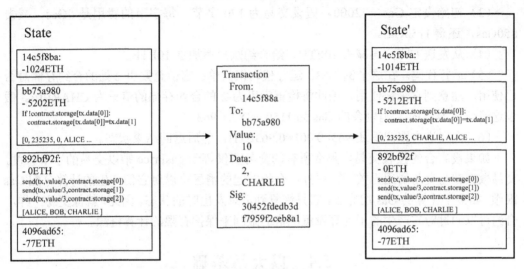

图 5-9　以太坊状态转换机制

（2）计算交易费用 STARTGAS×GASPRICE，并根据签名确定发送地址。检查发送方的账户余额是否大于或等于交易费用。如果账户余额足够，则将 nonce 计数器加 1，否则返回错误信息，终止交易。

（3）初始化 Gas=STARTGAS，并根据交易数据的字节数扣去一定量的 Gas 数额，以支付交易费用。

（4）根据交易中转账的数额更改相关账户的余额状态，如果接收方的账户不存在，则会新建一个合约账户。如果接收方的账户是一个已存在的合约账户，则运行合约代码，直到执行结束或者 Gas 消耗超出 GasLimit。

（5）如果因为发送方没有足够的钱，或者代码执行中用完了 Gas，而导致在第（4）步中执行异常，则恢复这笔交易执行前的以太坊区块链状态，但执行过程中花费的 Gas 将根据 GasPrice 折算成以太币发送给矿工账户。

（6）第（4）步执行成功，则将剩余的 Gas 退还给发送方，并将消耗的 Gas 费用发送给矿工。

例如，假设合约的代码如下：

```
if !self.storage[calldataload(0)]:
    self.storage[calldataload(0)] = calldataload(32)
```

在现实中，合约代码是用底层 EVM 代码写成的。为了便于理解，上面这个合约例子是用高级语言 Serpent 写成的，它可以被编译成 EVM 代码。

假设合约存储开始为空，有一笔价值 10ETH 的交易，Gas 为 2000，gasPrice 为 0.001ETH，并且有 64 字节的数据[2, 'CHARLIE']，2 存储在前 32 字节中，'CHARLIE' 存储在后 32 字节中。在这种情况下，状态转换函数的处理过程如下：

（1）检查交易是否有效，格式是否正确。

（2）检查交易发送方是否至少有 2000×0.001=2ETH。如果有，从发送方账户中减去

2ETH。

（3）初始设定 Gas = 2000，假设交易为 170 字节，每字节的费用是 5Gas，减去 850Gas，还剩 1150Gas。

（4）从发送方账户再减去 10ETH，给合约账户增加这 10ETH。

（5）运行代码。在这个例子中，运行代码很简单：它检查索引 2 处的合约存储是否已使用，注意到它未被使用，因此将检查索引为 2 的合约存储的值设为 CHARLIE。假设这消耗了 187Gas，则剩余的 Gas 为 1150 - 187 = 963。

（6）向发送方账户返还 963×0.001=0.963ETH，然后返回结果状态。

如果没有合约接收交易，那么所有的交易费仅等于 gasPrice 乘以交易的字节长度，交易数据就与交易费用无关了。另外，合约发起的消息可以对它们产生的计算分配 Gas 限额，如果子计算的 Gas 用完了，它只恢复到消息发出时的状态。因此，就像交易一样，合约可以通过对它产生的子计算设置严格的限制来保护有限的计算资源。

5.4　以太坊基础

5.4.1　以太坊技术架构

以太坊是一个基于公链的分布式计算平台，并提供了一个去中心化虚拟机，该虚拟机可以执行图灵完备的脚本语言。以太坊的体系结构如图 5-10 所示。以太坊由智能合约层、激励层、共识层、网络层和数据层构成，其中数据层包含了以太坊中最基本的数据结构和账户加密算法，这也是以太坊的基础组成部分；网络层主要包含以太坊中各节点的数据传输校验机制；共识层采用基于 PoW 的共识机制；激励层则将奖励机制包含

图 5-10　以太坊的体系结构

进来，主要用来激励节点自主挖矿，维持以太坊运行。数据层、网络层、共识层、激励层也构成了基本的区块链结构。智能合约层可以说是以太坊特有的，智能合约层封装了可以执行图灵完备的脚本语言的虚拟机，可以通过编写脚本语言作为智能合约部署到以太坊区块链中实现应用的去中心化。

1. 数据层

数据层主要实现了两个功能：一个是相关数据的存储，另一个是账户和交易的实现与安全。数据存储主要基于 Merkle 树，通过区块的方式和链式结构实现，大多以 KV 数据库的方式实现持久化，比如以太坊采用 LevelDB。账号和交易的实现基于数字签名、哈希函数和非对称加密技术等多种密码学算法和技术，保证了交易在去中心化的情况下能够安全进行。

以太坊通过哈希函数维持区块的关联性，采用 MPT（Merkle Patricia tree）实现账户状态的高效验证。基于账户的信息模型记录了用户的余额及其他 ERC 标准信息，其账户类型主要分为两类：外部账户和合约账户。外部账户用于发起交易和创建合约，合约账户用于在合约执行过程中创建交易。用户公私钥的生成与比特币相同，但是公钥经过哈希算法 Keccak-256 计算后取 20 字节作为外部账户地址。

2. 网络层

网络层的 P2P 网络又称为去中心化的点对点传输网络。由于服务分布在各个节点之间，所以部分节点或者网络遭到破坏对其他节点的影响很小，因此 P2P 网络具有耐攻击和高容错的优点。

以太坊底层对等网络协议簇称为 DevP2P，除满足区块链网络功能外，还满足与以太坊相关联的任何联网应用程序的需求。DevP2P 将节点公钥作为标识，采用 Kademlia 算法计算节点的异或距离，从而实现结构化组网。

DevP2P 主要由三种协议组成：节点发现协议 RLPx、基础通信协议 Wire 和扩展协议 Wire-Sub。RLPx 跟随递归长度前缀（recursive length prefix，RLP）命名，RLP 是以太坊中采用的数据序列格式化的方法。RLPx 协议中定义了基于用户数据报协议（user datagram protocol，UDP）的不加密节点发现过程和基于 TCP 的加密数据传输过程。节点间基于 Gossip 实现多点传播；新节点加入时首先向硬编码引导节点（bootstrap node）发送入网请求；然后引导节点根据 Kademlia 算法计算与新节点逻辑距离最近的节点列表并返回；最后新节点向列表中节点发出握手请求，包括网络版本号、节点 ID、监听端口等，与这些节点建立连接后则使用 Ping/Pong 机制保持连接。Wire 子协议构建了交易获取、区块同步、共识交互等逻辑通路，与比特币类似，以太坊也为轻量级钱包客户端设计了简易以太坊协议（lightethereum subprotocol，LES）及其变体 Polygon 改进建议（Polygon improvement proposal，PIP）。安全方面，节点在 RLPx 协议建立连接的过程中采用椭圆曲线集成加密方案（elliptic curve integrate encrypt scheme，ECIES）生成公私钥，用于传输共享对称密钥，之后节点通过共享对称密钥加密承载数据以实现数据传输保护。

3. 共识层

共识层主要实现全网所有节点对交易和数据达成一致，以太坊采用两种共识机制，初期采用工作量证明（PoW）机制，待网络中的以太币充分流通和分散后，计划采用交易速度更快、无资源消耗的权益证明（PoS）机制，从而有效地避免纯 PoS 机制导致的初期权益分配不公平的情况。

以太坊的 PoW 共识机制中，将阈值设定为 15s 产出一个区块。较低的计算难度将导致频繁产生分支链，因此以太坊采用独有的奖惩机制——GHOST 协议，以提高矿工的共识积极性。具体而言，区块中的哈希值被分为父区块散列和叔区块散列，父区块散列指向前继区块，叔区块散列则指向父区块的前继。新区块产生时，GHOST 根据前 7 代区块的父/叔哈希值计算矿工奖励，一定程度弥补了分支链被抛弃时浪费的算力。

4. 激励层

激励层主要实现以太币的发行和分配机制，运行智能合约和发送交易都需要支付一定的费用。目前矿工每挖到一个区块，固定奖励 5ETH。

5. 应用层

智能合约赋予账本可编程的特性，区块链 2.0 通过虚拟机的方式运行代码实现智能合约的功能，比如以太坊的 EVM。同时，这一层通过在智能合约上添加能够与用户交互的前台界面，形成去中心化应用（DAPP）。当然，在某些技术文档中认为 DAPP 应该在智能合约层之上单独为应用层，也有一定道理，只要不影响理解即可。

5.4.2 以太坊区块结构

以太坊的区块结构和比特币区块链的结构相同，均包含区块头和区块体两部分，但以太坊区块包含的信息有一些调整。以太坊的区块结构如图 5-11 所示。

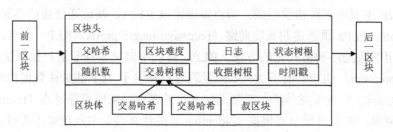

图 5-11 以太坊的区块结构

以太坊区块头含有交易树根，交易树根为区块体交易信息的 Mercle 树根节点，存储该区块内的交易信息。以太坊区块头还含有针对账户状态数据的状态树根、针对交易执行日志的收据树根，以及父哈希、时间戳、随机数等，时间戳记录区块的生成时间，保证区块的有序性，防止篡改区块数据源。

区块体包括该区块的交易信息，为 Mercle 树结构，交易信息的列表为以太坊采用的共识机制从交易池中选择收入区块的交易信息，交易信息通过哈希算法生成该区块的根哈希值（RootHash）。该区块的父哈希值（PreHash）与该区块前一区块哈希值相对应，形成链式结构。

5.4.3　叔区块

在以太坊发展的大都会阶段主要通过 PoW 共识算法来达成共识，但是因为以太坊的出块速度（9～12 秒）远远快于比特币（10 分钟左右），因此难免会出现多名矿工同时挖出新区块的情况，而以太坊为了补偿没有成为最长链的矿工，引入了叔区块的概念。

以太坊规定，后来的区块可以引用包括它自己在内的 7 代以内的叔区块，每引用一个叔区块，该区块不仅可以得到原本的出块奖励和交易费，还可以再得到 1/32 个出块奖励，每个区块最多可以引用 2 个叔区块，而每个被引用的叔区块根据引用区块与自己相隔的代数，其能得到的奖励从最开始的 7/8 个出块奖励降到 1/8 个出块奖励，以此来解决分叉问题，如图 5-12 所示。叔区块 1 和叔区块 2 作为叔区块被与它相隔最近的一代——区块 $N+2$ 所引用，那么叔区块 1 和叔区块 2 分别能得到 7/8 个出块奖励，同时区块 $N+2$ 能得到额外的 1/32+1/32 个出块奖励，最远能被区块 $N+7$ 所引用，此时叔区块 1 和叔区块 2 就只能得到 1/8 个出块奖励。

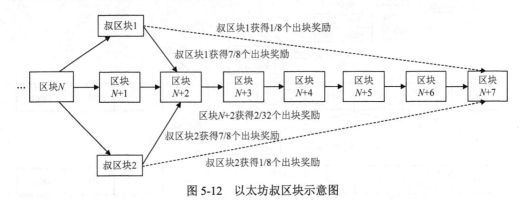

图 5-12　以太坊叔区块示意图

5.4.4　Merkle Patricia 树

以太坊计算 Merkle 树使用的是 MPT。虽然区块中的交易数据是不变的，但状态数据经常改变且数量众多，构建新区块时，MPT 仅需计算在新区块中变化了的账户状态，状态没有变化的分支可直接引用，而无须重新计算整棵树。如图 5-13 所示，MPT 包含扩展节点、分支节点和叶子节点。扩展节点包含共同的 Key 前缀；分支节点通常在扩展节点之后，基于单个十六进制字符的 Key 前缀实现了树的分支；叶子节点包含一个以太坊账户状态。MPT 实质上融合了 Merkle 树和前缀树，因此其具有查找能力。以一个以太坊账户地址为查找路径，能够快速地从 MPT 根向下查找到叶子节点中账户的状态数据，这种查找能力是二叉 Merkle 树所不具备的。MPT 还具有深度有限、根值与节点更新顺序无关等特性。

为了更好地解释 MPT 的数据结构，将用一个向空树插入账户信息的例子来阐述，

MPT 的插入过程是动态调整树的过程，如图 5-14 所示。

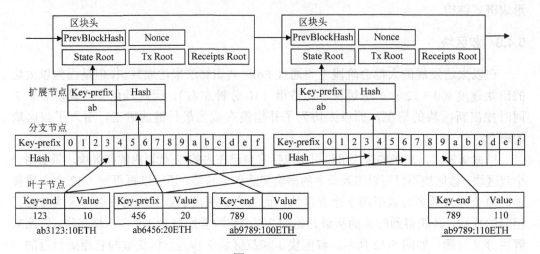

图 5-13 MPT

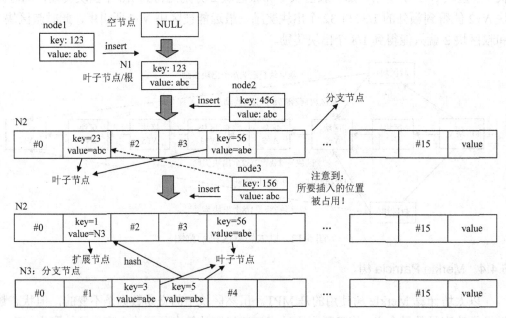

图 5-14 MPT 数据插入过程

具体步骤如下：

（1）插入数据 node1[key=123, value=abc]，此时生成一个空节点，将 node1 插入并记为 N1，返回 N1 节点的哈希值作为根哈希值。

（2）插入数据 node2[key=456, value=abc]，此时树结构生成新的一层 N2，N2 是这棵树的叶子节点，也是分支节点，此时 node1、node2 的 key 值第一位作为 N1 到 N2 层的索引。例如，node1 第一位是 1，对应存储到 N2 中的第一个叶子节点中记作 N2[#1]，因此 node1 的数据变为[key=23, value=abc]存放在 N2[#1]中。同理，node2 变为[key=56, value=abc]存放在 N2[#4]中，这时对 N2 中叶子节点的值进行哈希运算并将哈希运算值存放到 N2 的值中，作为根哈希值，N2 的地址则作为 N1 的值存入。

（3）插入 node3[key=156, value=abc]，此时通过索引尝试将 node3 变为[key=45, value=abc]并尝试放入 N2[#1]，但是由于 N2[#1]非空，因此树生成新的一层 N3。类似于执行第二步将 node1 变为[key=3, value=abc]存到 N3[#2]，node2 变为[key=6, value=abc]存到 N3[#3]，此时 N3 的地址存放在 N2[#1]的值中，N3 的哈希值存放在 N3 的值中。这时计算 N2 的哈希值对于 N2[#1]取得是 N3 的哈希值，而不是 N2[#1]值中的内容。N2 的哈希值作为根哈希值存储在 N2 的值中。

修改的操作与插入类似，而查询过程则与字典树相同。通过这样的数据结构，可以在一次插入（修改）操作后快速生成根哈希值。树的深度是有限制的，否则攻击者可以通过操纵树的深度，进行拒绝服务攻击，使得更新变得极其缓慢。

在以太坊最初的 MPT 的设计过程中，考虑到以太坊需要在公链中运行，因此设计了 16^{16} 的存储空间进行账户信息存储。秉持对账户的不可见性，对账户地址（公钥）进行 RLP 编码，得到长度相等的字节数组，编码后账户在树中的位置是随机的。一方面树的深度较深，在计算根哈希值的时候，需要进行多层的哈希运算，而哈希过程是时间开销最大的。另一方面，大量的分支节点的空间浪费，对于系统来说也是一笔开销。在联盟链中，由于账户信息分别由各联盟体掌握，不需要对账户进行随机编码，因此可以使用交易的先验数据与对 MPT 进行存储设计，提高 MPT 的效率。

5.5　智能合约和以太坊虚拟机

5.5.1　EVM

以太坊作为一个平台，提供了各种模块让用户搭建应用。平台之上的应用称为去中心化应用（DAPP），实质上是基于智能合约的应用，这是以太坊技术的核心。以太坊提供了一个强大的合约编程环境，通过合约的开发，以太坊实现了各种商业与非商业环境下的复杂逻辑。

EVM 不同于广义上的云服务器虚拟机，其存在形式是以沙盒模式隔离在以太坊客户端的运行实体。以太坊平台本身使用的共识协议保证了这些虚拟机运行状态的一致性、持久性和连续性。以太坊与比特币的最大区别就在于 EVM 功能的实现，EVM 定义了以太坊状态转换之间的计算规则。EVM 的设计与实现是以太坊平台从"分布式账本"扩展成为"分布式计算机"的关键技术。

EVM 是一个基于堆栈实现的字节码解释执行系统。EVM 系统结构如图 5-15 所示。每一次交易执行时，EVM 内部维护着相应的功能区域状态：包括运行时堆栈、运行时内存、合约 Storage 存储区、Gas 消耗计数器、指令 PC 计数器等数据结构。

EVM 使用精简化的基于堆栈的指令集，每种指令都有相应的 Gas 执行价格，其中除正常的堆栈操作指令外，SSTORE、SLOAD 等专用指令用于读写区块链上合约的持久性存储区域，这种操作关联到节点计算机的磁盘，因此具有较高的 Gas 价格。MSTORE、MLOAD 等指令用于读写 EVM 的运行时内存，在哈希运算的场景较为常用，此操作会占用节点计算机的内存资源，因此堆栈操作指令具有较高的 Gas 价格。EVM 执行过程中通过 stateDB 数据库接口访问和更改合约的链上存储状态。

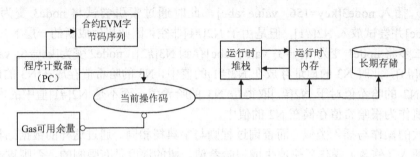

图 5-15　EVM 系统结构

在 EVM 中主要由下面三种类型的空间来存储数据：栈（stack）、内存（memory）和长期存储（storage）。

1. 栈

栈是一个容器，元素的进出规则是后进先出，元素是 32 字节（这是为了方便 256 位的加密操作）的数值，一般用来存储合约中的局部变量和函数参数等，所以计算结束即重置，数据都是暂时的。EVM 指令中的所有算术指令的操作数都是从栈顶获取的，很多获取输入值的指令的结果也以压栈的方式存在栈中。

2. 内存

内存是一个数组，数组的元素大小是 1 字节，并且支持无限元素的增长，计算结束即重置，数据也是暂时的。MSTORE 和 MLOAD 指令用来对内存进行数据存储和加载的操作，而有一些指令的操作数是直接从内存中读取的，比如 SHA3 指令。

3. 长期存储

长期存储的单位（在 EVM 中称为 slot）为 32 字节，存储方式是键值对存储，一般用来存储智能合约中的全局变量，所以计算结束不重置，数据将长期保存。SSTORE 和 SLOAD 指令用来对长期存储进行数据存储和加载的操作。

EVM 的运行机制可以用图 5-16 表示。

EVM 从字节码中读取指令，然后根据指令执行相关的语义操作，而每执行一条指令都需要 Gas，一笔交易执行的过程有 Gas 量的限定，一旦交易过程中 Gas 消耗完，则交易将终止。EVM 在执行指令的过程中会与栈、内存和长期存储三个存储空间进行交互，一般操作栈与内存会比操作长期存储消耗更多的 Gas，并且不同的指令消耗的 Gas 是不同的，这取决于每条指令需要消耗的计算量大小。每执行一条指令之后，程序计数器（PC）都将变化，如果不是跳转类型的指令，则 PC 增加的数值是指令与其操作数的个数，如果是跳转类型的指令，则 PC 变成跳转指令指定的 PC 值。如果一个智能合约中存在合约间的调用，则会出现 CALL 或者 DELEGATECALL 等合约调用相关的指令

（如图 5-16 中的"消息调用"）。EVM 运行时的计算状态也可由元组<区块状态,交易,信息,代码,内存,堆栈,程序计数器,Gas>来标识，区块状态中包含账户余额和存储状态，PC 则表示当前指令在整个 EVM 字节码中的位置。

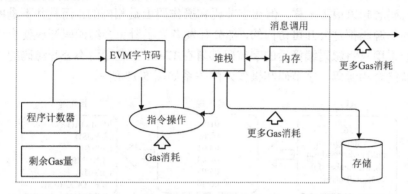

图 5-16　EVM 的运行机制

5.5.2　智能合约

在以太坊中，智能合约是代码和数据的集合，由二进制字节码组成。智能合约可以用 Solidity、Serpent 和 LLL 等语言编写。Solidity 是编写智能合约的官方语言，能在 EVM 上运行。Solidity 类似于 JavaScript 的高级语言，它的设计受到了 C++、Python 等高级语言的影响。Solidity 语言是一种静态类型的高级语言，支持用户自定义的数据类型。

字节码（又称为 EVM 码）通过以太坊客户端上传到以太坊后运行。以太坊中智能合约存放于交易中，并以消息的形式在网络中传递，EVM 通过一笔交易是否含有代码来判断是否是合约类型的交易，如果一笔交易中的信息是代码则会执行该合约。执行过程中发现合约账户是 NULL，则会为该合约创建合约地址，并将合约写入该账户下。EVM 通过执行合约中的二进制字节码实现合约的执行。

智能合约字节码不经加密，以明文形式在区块链中存储，链上任何活跃节点都可通过合约地址获取合约明文字节码。字节码可以分解成 EVM 指令（即操作码）或操作数据，指令对 EVM 的栈进行操作。智能合约代码执行在被称为 EVM 的架构上。类似于 Java 虚拟机（JVM），EVM 是基于栈的虚拟机，其采用了 32 字节的字长。EVM 栈以字为单位进行操作，可容纳最多 1024 字。和 JVM 一样，EVM 执行的也是字节码。由于操作码被限制在 1 字节以内，所以 EVM 指令集最多只能容纳 256 条指令。在以太坊黄皮书上，为 EVM 定义了约 142 条指令，并留有 100 多条待扩展指令。这些指令包括算术运算、比较操作、按位运算、密码学计算、存储、跳转等指令，以及区块指令和其他智能合约相关指令等。

以太坊操作码具有以下特点：

（1）EVM 是基于栈的虚拟机，每条操作码指令直接作用于 EVM 栈，是所有编程语言中最接近 EVM 运行原理的一种语言。

（2）运行于以太坊的智能合约，其操作码都可以通过公开的接口获取。

（3）将以太坊操作码抽象化处理可以缩短分类器的训练时间。

由于源代码中定义了大量的自定义变量，因此存在许多不可预测的因素。例如，有
A 和 B 两个智能合约，其中合约 A 的函数声明为 "function transfer (address_to, uint256_
value)"，合约 B 的函数声明为 "function deliver (address _receiver, uint256_token)"，这两
个合约源代码看起来很不一样，但在字节码和操作码上是相同的；而且并不是所有以太
坊智能合约的源码都是公开可访问的，部分开发者为了避免合约源码开放使合约漏洞易
被发现，会采用只将源码编译后的字节码部署在 EVM 上运行而不公开源码的方式来避
免攻击。智能合约源码、字节码和操作码的关系如图 5-17 所示。

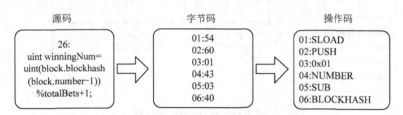

图 5-17   智能合约源码、字节码和操作码的关系图

在以太坊智能合约中定义了应用程序二进制接口（application binary interface，ABI），
ABI 将在智能合约编译过程中形成并持久化。ABI 类似于现实合约中的条例，每次合约
调用时必须获得。一个函数调用数据的前 4 字节指定了要调用的函数。账户通过智能合
约 ABI 进行合约中的函数调用。

5.6   GHOST 协议

5.6.1   以太坊的安全问题

在设计以太坊区块链系统时，为了解决比特币区块链系统出块时间太长而导致的工
作效率不高的问题，将以太坊区块链网络的出块时间缩短到十几秒。但是在现实生活中，
数据在网络上的时间延迟最少也需要十几秒，所以在以太坊区块链系统中出现临时性分
叉非常常见，这不利于以太坊区块链网络中所有的节点形成一个共识，破坏了系统的稳
定性和安全性。

在比特币区块链系统中，一些不在最长合法链上的区块将被视为无效区块而被丢弃，
系统也不会给发布该区块的矿工任何出块奖励。但是，在以太坊区块链系统中存在大量
的临时性分叉，如果也将没有在最长合法链中的临时区块丢弃，将会有大量的矿工发布
的区块被丢弃，这会打击矿工挖矿的热情，并会对以太坊区块链系统的安全造成威胁。

大型矿场对于比特币区块链系统而言会形成一个不成比例的优势，因为大型矿场的
计算能力较强，大型矿场会沿着自己发布的区块继续计算随机数的值，并且大型矿场在
网络中的接口较多，所以大型矿场发布的区块更容易传播到网络的其他节点中，使一些
个人矿工去接受大型矿场发布的区块。在这种恶性循环下，大型矿场最终会形成一个不
成比例的优势。大型矿场不断地累积自己的优势，最终可能出现区块链被某个大型矿场
控制的情况，这对于区块链安全来说是致命的，也是不能容忍的。

为了解决以太坊的安全问题，以太坊区块链系统采用了 GHOST 协议作为它的共识协议。

5.6.2 叔区块的出块奖励

GHOST 协议主要是为了解决比特币使用 PoW 算力竞争引起的高废块率带来的算力浪费问题。废区块指的是在新块广播确认的时间里"挖"出的符合要求的区块。GHOST 协议提出在计算最长链时把废块也包含起来，即在比较哪一个区块具有更多的 PoW 时，不仅有父区块及其祖先区块，还添加其祖先区块的作废后代区块来计算哪个块拥有最大的 PoW。在以太坊中，采用了简化版 GHOST 协议，废区块只在五代之间参与 PoW，并且废区块的发现者也会收到一定数量的以太币作为奖励。

GHOST 协议的核心思想是对于最终没有成为最长合法链上的区块也会给予一定的出块奖励，并且对于包含叔区块的新发布区块也给予一定的额外奖励，鼓励新产生的区块尽可能地包含这些不在最长合法链上的叔区块。每个新区块最多可以包含两个叔区块，每包含一个叔区块，矿工节点便可以获得当前网络出块奖励的 1/32 的额外奖励。这样有利于激励新区块尽可能地包含叔区块，有利于以太坊区块链系统出现分叉后及时地合并这些分叉，维护系统的稳定。

在以太坊区块链系统中，从当前节点开始的往前七代的分叉的区块都被认为是叔区块，这样可以避免某一时刻出现的分叉区块的数目大于两个时，有些叔区块将不能被包含在以太坊区块链网络中或者有些恶意的矿工节点有意不将叔区块打包进以太坊区块链网络中的情况。在以太坊区块链网络中的两种分叉情况及其叔区块的出块奖励的计算过程如图 5-18 所示。

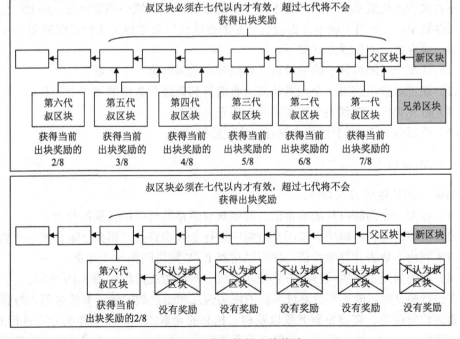

图 5-18　叔区块的出块奖励

叔区块被新区块包含时，新区块并不需要验证叔区块交易信息的合法性。但是新区块需要去验证叔区块是否符合当前网络的难度要求。它们的奖励机制计算式如下：

$$unclereward = \frac{8 - unclegenerations}{8} \times target \qquad (5-1)$$

$$reward = unclecounts \times \frac{1}{32} \times targetreward + targetreward \qquad (5-2)$$

其中，unclereward 为叔区块奖励；unclegenerations 为叔区块的代数；target 为当前网络的难度阈值；reward 为新发布的一个区块的出块奖励；unclecounts 为当前区块叔区块的数目；targetreward 为当前网络的出块奖励。共识协议只将分叉中的第一个区块视为合法的叔区块，可以提高分叉攻击的代价，从而以太坊区块链网络中大大减少了以太坊区块链的分叉，提高了系统的安全性和稳定性。

5.7 挖矿算法

5.7.1 数组定义

在以太坊区块链系统中，矿工节点也是通过不断地尝试随机数的值来计算一个哈希值是否符合当前网络难度要求的方式去挖矿。但是以太坊区块链系统在设计之初对如何抵抗挖矿设备的专业化和进行从 PoW 转向 PoS 做了准备，以太坊区块链的挖矿算法针对这两点设计了一个和比特币区块链系统完全不同的挖矿算法。

1. 缓存数组

在以太坊区块链系统中有两种不同大小的数组，其中较小的数组在 1.6×10^7 左右，称为缓存数组，主要用于轻节点去验证交易的合法性以及生成矿工挖矿时需要保存的大的数组。缓存数组的生成方式如下。

（1）计算一个随机种子的哈希值，得到缓存数组的第一个元素。

（2）通过对数组的第一个元素计算哈希值得到该缓存数组的第二个元素。

（3）以此类推，直到整个数组的元素填充完成。

（4）数组每隔 3000 个区块会进行一次更新操作。

2. PoW 数组

PoW 数组的生成方式如下。

（1）计算一个伪随机数的哈希值，得到对应缓存数组中的元素的位置。

（2）按照伪随机的顺序，在缓存数组中进行 256 次查找，得到 256 位的一个数。

（3）利用该数去计算哈希值，便可以得到 PoW 数组的第一个元素。

（4）后面的元素按照同样的方式依次生成。数组生成过程如图 5-19 所示。

在进行验证时，矿工节点通过区块的块头信息和随机数的值计算哈希值，得到第一个元素的位置信息。取该位置元素以及和它相邻的元素的值，以同样的方式进行 64 次取值，得到一个 128 位的元素，计算该元素的哈希值是否符合当前网络的难度要求。如果满足当前网络的难度要求，则表示找到该随机数的值；若不符合当前网络的难度要求，则继续计算下一个随机数的值。

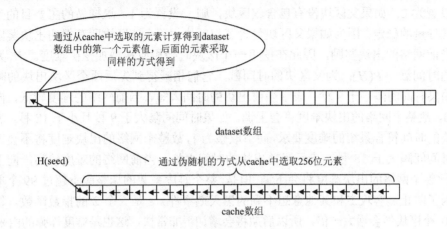

图 5-19　以太坊数组生成过程

5.7.2　难度调整

在比特币区块链系统中，为了维持系统的稳定，每隔 2016 个区块便会调整一次当前网络的难度阈值，从而将系统的出块时间维持在 10 分钟左右。以太坊区块链系统中，当前网络的难度阈值是动态变化的，下一个区块的挖矿难度与当前的父区块有密切的联系。其具体的以太坊区块链系统的难度调整算法如下：

$$D(H) = \begin{cases} D_0, & H_i = 0 \text{且} D_0 \geqslant 1317072 \\ \max(D_0, P(H)_{\text{Hd}} + x \times \delta_2) + \varepsilon, & \text{其他} \end{cases} \tag{5-3}$$

其中，$D(H)$ 为当前区块的难度，D_0 为创世纪块的出块难度且 D_0 的最小值为 1317072，即整个以太坊区块链系统的难度是大于或等于 1317072 的。以太坊区块链的难度调整是将基础部分 $P(H)_{\text{Hd}} + x \times \delta_2$ 和难度炸弹部分相加得到的。基础部分的 $P(H)_{\text{Hd}}$ 为父区块的难度，每个新区块的难度都在父区块的难度基础上进行调整；$x \times \delta_2$ 主要用于调节出块难度，维持系统的出块速度；ε 是难度炸弹，难度炸弹的设置主要是为将来从 PoW 转向 PoS 的过渡做准备。为了防止有些矿工拒绝从 PoW 转向 PoS 而导致当前的以太坊区块链出现硬分叉的情况，可以利用难度炸弹这个特殊的参数将以太坊的 PoW 的难度设置得非常大。如果矿工节点不转向 PoS，那么该矿工将无利可图，所以难度炸弹为 PoW 向 PoS 转变做准备。

将式（5-3）各参数展开可写为

$$H_i' \equiv \max(H_i - 3000000, 0) \tag{5-4}$$

$$\varepsilon \equiv \left\lfloor 2^{\lfloor H_i' + 100000 \rfloor - 2} \right\rfloor \tag{5-5}$$

$$\delta_2 \equiv \max\left(y - \left\lfloor \frac{H_s - P(H)_{\text{Hs}}}{9} \right\rfloor, -99\right) \tag{5-6}$$

$$x \equiv \left\lfloor \frac{P(H)_{\text{Hd}}}{2048} \right\rfloor \tag{5-7}$$

其中，x 为调整单位，由每次调整单位父区块的出块难度除以 2048 向下取整得到；δ_2 为调整系数，它与父区块相关联；y 为父区块中叔区块的数目，如果父区块包含了叔区块，则 y 设置为 2；如果父区块没有包含叔区块，则 y 设置为 1。这样做的主要目的是保持货币发行量的稳定，因为如果父区块包含了叔区块，那么该区块所获得的出块奖励将会大于当前网络的出块奖励，因此在挖下一个区块时会相应地增加挖矿难度。H_s 为当前区块的时间戳，$P(H)_{Hs}$ 为父区块的时间戳，它们相减得到先后两个区块出块的时间间隔。如果时间间隔小于 9 秒，表示当前出块的时间太短，当前网络的难度较低，向下取整为 0，故整个网络的出块难度将会上调。如果时间间隔大于 9 秒且小于 18 秒，表示当前出块的时间符合系统的难度要求，向下取整为 1，故整个网络的出块难度将不会改变。如果时间间隔大于 18 秒，表示当前出块的时间太长，当前网络的难度较高，向下取整为 2，故整个网络的出块难度将会下调。但是，整个难度系数的调整应不超过 99 个单位。这是为了防止黑客攻击和其他意想不到的黑天鹅事件。ε 是一个 2 的指数函数，每产生 100000 个区块便会增大一倍，所以后期将会增加得非常快，这也是难度炸弹的由来。H' 为假的区块号，因为在拜占庭阶段以太坊区块链系统的难度已经变得非常高，但是转向 PoS 的准备还不充分，所以不得不进行一次区块序号的回调。H_i 为真正的以太坊区块链的块号。

5.7.3 权益证明

比特币和以太坊使用的挖矿算法是 PoW，以这种方式进行挖矿的一个弊端是会消耗大量的电力资源，在一定程度上会造成资源的浪费和环境的污染。所以，以太坊区块链系统在设计时，便考虑要采用将 PoW 逐渐转向 PoS 的方式来进行挖矿。PoS 的核心思想是，通过每个矿工手中所持有的以太币的数量来决定该矿工在这次投票过程中所占的权重，也是在利益分配时的权重。并且，采用 PoW 的系统的安全性并不是闭环的；因为在使用 PoW 进行挖矿时，每个矿工发布一个区块实际上是在进行计算机算力的比拼。计算机的算力是可以通过实体世界的货币买入大量的挖矿设备来得到的，因此只要有足够的财力，便可以聚集超过 51% 的算力来发动攻击。在使用 PoS 的系统中，区块的发布是由矿工手中所持有的以太币决定的。当某个恶意的矿工节点想要发动攻击时，必须要有足够的以太币才能成功。在大量买入以太币的过程中，必然会导致以太币价格的上涨，所以说采用 PoS 设计的系统的安全性是闭环的。

但是，PoS 和 PoW 这两种方式并不是互斥的。例如，矿工可以用自己手中持有以太币的多少去降低挖矿难度。矿工将自己手中的以太币投入这种混合系统中，系统将矿工投入的以太币锁定并减小矿工的挖矿难度。当矿工挖到一个区块并发布到网络上时，矿工在系统中锁定的以太币不能直接提取出来，而是要等达到一定数目的区块后才能进行提现，继续使用。

在早期，为了使 PoW 向 PoS 转变，使用的 PoS 的协议为 Casper FFG 协议，用于为 PoW 提供最终证明。交易一旦写入，那么该交易将不会回滚。其具体的实现过程为：矿工投入一定的保证金，使得该矿工节点成为验证者，具有一定的投票权，可以决定哪一条链是最长合法链。其中，投票的权重是由矿工投入的保证金的多少决定的。投入系统的保证金将会被系统锁定，当有矿工节点获得投票权但却不作为时，系统将会扣除该矿工节点一定的保证金。如果矿工节点进行恶意投票，即在两个有冲突链上都进行投票，那么系统将会扣除该矿工节点的所有保证金，回收的保证金将会直接被销毁。在区块链中，每发布 100 个区块作为一个纪元。在每个纪元中矿工节点都需要进行两轮投票，分别称为预投票和确认投票。在这两轮投票中都必须有 2/3 以上的验证者验证通过。每个验证者都有一定的任期，在任期结束后等待一段时间，验证者便可以取回自己当初投入的保证金，得到相应的奖励。在改进后，将前一个纪元的 50 个区块作为先验消息，后一个纪元的 50 个区块作为确认消息。这样每个验证只需要进行一栏的投票即可，从而提高系统的效率，其具体过程如图 5-20 所示。

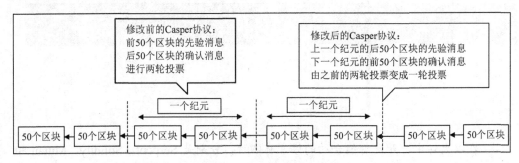

图 5-20　以太坊 PoS 工作过程

第 6 章
Solidity 编程基础

在以太坊中，开发智能合约的语言有四种，分别是 Serpent、Solidity、Mutan 和 LLL，而 Solidity 是以太坊智能合约开发的首选语言，也是以太坊中智能合约开发使用最多的一种语言。

Solidity 是一种面向对象静态类型的语言，其语法接近于 JavaScript，支持继承、库和复杂的用户定义类型等特性。由于以太坊底层是基于账户的，因此 Solidity 内置的数据类型除了常见编程语言中的标准类型，还包括 address 等以太坊独有的类型，用于定位用户和合约账户。另外，由于 Solidity 语言编译成为 EVM 字节码在 EVM 上运行，因此受到一定的限制。

使用 Solidity 语言，用户可以为投票、众筹、多重签名钱包等应用创建各种类型的智能合约。

6.1　Solidity 语言的开发环境

Solidity 智能合约开发的 IDE（集成开发环境）有很多，本书以 Remix 为例进行介绍。Remix 是一个基于 Web 浏览器的 IDE，集成了编译器和 Solidity 运行环境，而不需要服务端组件。

6.1.1　智能合约的开发流程

Solidity 是编写在以太坊区块链上运行的智能合约的最流行的编程语言。Solidity 语言编写的程序经过编译转换为 EVM 字节码，这些字节码可以在 JVM 中运行。

Truffle 是开发以太坊 DAPP 的最常用的框架，它使用基于 Web3.js 封装的 Ether Pudding 工具包，提供了智能合约抽象接口，在 JavaScript 中可以直接操作对应的合约函数，简化了开发流程。

Web3.js 是一个 JavaScript 库，可以与一个节点进行交互，可用于构建基于 Web 的 DAPP。

Remix 是以太坊官方推荐的智能合约开发 IDE，可以在浏览器中快速部署测试智能合约。

利用上述开发工具，从用 Solidity 语言编写源代码，到成为可以运行在以太坊上的智能合约需要经历的步骤如图 6-1 所示。

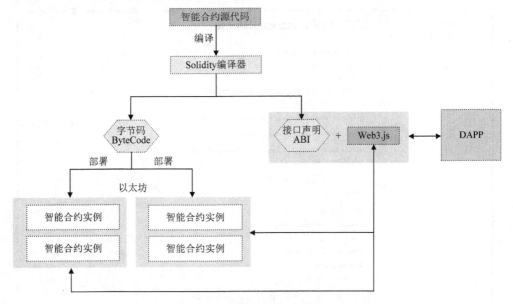

图 6-1　智能合约的开发流程

（1）用 Solidity 编写的智能合约用 Remix 智能合约编辑器进行代码检测编译，执行 truffle compile 命令，将其编译成二进制字节码的形式，并产生相应的智能合约 ABI。

（2）将编译好的智能合约字节码部署到以太坊共识机制网络中，获取智能合约创建时在以太坊中存放的账户地址，以便后续创建合约实例以及调用合约时使用。

（3）使用 JavaScript 编写的 DAPP 通过 Web3.js 和 ABI 去调用智能合约中的函数来实现数据的读取和修改。

6.1.2　安装 Node 环境

Node.js 是一个基于 Chrome V8 引擎的 JavaScript 运行环境，可以运行 JavaScript 程序。它使用了一个事件驱动、非阻塞式 I/O 模型。

节点包管理器（node package manager，NPM）是 Node.js 的包管理器，可以安装各种 JavaScript 程序。JavaScript 可以作为后端语言使用。通过 NPM 可以非常方便地安装很多好用的工具。

越来越多的工具依赖于 Node.js，本地版的 Remix 是用 JavaScript 编写的工具，因此也依赖于 Node.js 的运行环境。

1．安装 nvm 版本管理器

nvm 是 Node.js 的版本管理器，可以安装和切换不同版本的 Node.js。为了更好地控制 Node.js 的版本，先在 github 中下载，并安装 nvm。nvm 下载安装包的地址：https://github.com/coreybutler/nvm-windows/releases。

（1）下载 Windows 系统 nvm-setup.zip 安装包，如图 6-2 所示。

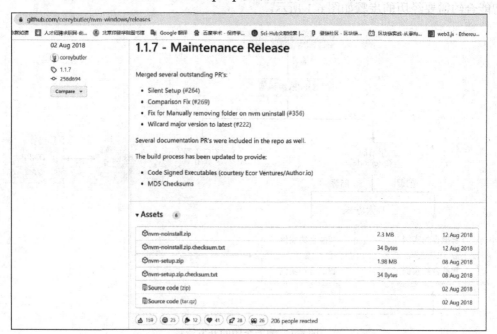

图 6-2　下载 nvm 安装包

（2）设置 nvm 的安装路径为 E:\nvm，如图 6-3 所示；Node.js 的安装路径为 E:\nvm\nodejs，运行 nvm-setup.zip 安装包。

图 6-3　设置 nvm 的安装路径

（3）安装结束后打开命令行窗口，执行命令 nvm，可验证 nvm 是否安装成功，如图 6-4 所示。

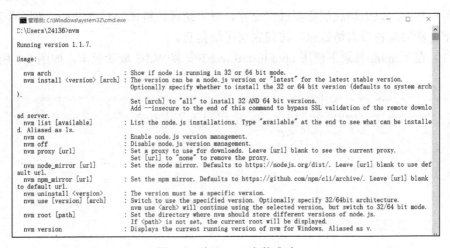

图 6-4　验证 nvm 安装成功

2. 安装 Node.js 和 NPM

（1）在 E:\nvm 目录下使用 nvm install 14.16.1 安装 Node.js 版本 14.16.1，安装包将自动配置环境变量，如图 6-5 所示。

```
E:\nvm>nvm install 14.16.1
Downloading node.js version 14.16.1 (64-bit)...
Complete
Creating E:\nvm\temp

Downloading npm version 6.14.12... Complete
Installing npm v6.14.12...

Installation complete. If you want to use this version, type

nvm use 14.16.1
```

图 6-5　安装 Node.js

（2）安装结束后打开命令行窗口，执行命令 nvm use 14.16.1，可验证所使用的 Node.js 版本，如图 6-6 所示。

```
E:\nvm>nvm use 14.16.1
Now using node v14.16.1 (64-bit)
```

图 6-6　验证 Node.js 版本

（3）执行命令 node -v 和 npm -v，可查看当前使用的 Node.js 和 NPM 版本号，如图 6-7 所示。

```
E:\>node -v
v14.16.1

E:\>npm -v
6.14.12
```

图 6-7　查看 Node.js 和 NPM 版本号

3. 安装 Web3

用户界面与以太坊底层需要进行交互，以太坊区块链需要对 Web3.js 数据库进行封装，使之能够配置以太坊钱包，访问底层区块信息。

（1）在 E:\nvm 目录下使用 npm install web3 安装 Web3 最新版本，如图 6-8 所示。

```
> web3@1.8.0 postinstall E:\nvm\node_modules\web3
> echo "Web3.js 4.x alpha has been released for early testing and feedback. Checkout doc at https://docs.web3js.org/ "

"Web3.js 4.x alpha has been released for early testing and feedback. Checkout doc at https://docs.web3js.org/ "
npm WARN saveError ENOENT: no such file or directory, open 'E:\nvm\package.json'
npm notice created a lockfile as package-lock.json. You should commit this file.
npm WARN enoent ENOENT: no such file or directory, open 'E:\nvm\package.json'
npm WARN nvm No description
npm WARN nvm No repository field.
npm WARN nvm No README data
npm WARN nvm No license field.

+ web3@1.8.0
added 373 packages from 320 contributors and audited 373 packages in 90.895s

74 packages are looking for funding
  run `npm fund` for details

found 0 vulnerabilities
```

图 6-8　安装 Web3 最新版本

（2）在 E:\nvm 目录下执行命令 node，进入 Node.js 的交互环境，然后输入代码 require('web3')，验证 Web3 安装成功，如图 6-9 所示。

```
[Function: Web3] {
  version: '1.8.1',
  utils: {
    _fireError: [Function: _fireError],
    _jsonInterfaceMethodToString: [Function: _jsonInterfaceMethodToString],
    _flattenTypes: [Function: _flattenTypes],
    randomHex: [Function: randomHex],
    BN: [Function: BNwrapped],
```

图 6-9　验证 Web3 安装成功

4. 安装 Truffle

Truffle 框架是以太坊上最常用的开发框架之一。Truffle 支持智能合约的编译和部署，可以自动测试智能合约，交互式的终端能够直接用来与合约进行通信。

在 E:\nvm 目录下使用 npm install -g truffle 命令安装 truffle 框架；在命令行窗口使用命令 truffle v 可查看当前安装的 Truffle 版本信息，如图 6-10 所示。

```
E:\nvm>truffle v
Truffle v5.7.1 (core: 5.7.1)
Ganache v7.6.0
Solidity v0.5.16 (solc-js)
Node v14.16.1
Web3.js v1.8.1
```

图 6-10　查看当前安装的 Truffle 版本信息

5. 安装 Ganache

Ganache 是一个以太坊节点仿真器，可以用来模拟区块链。Ganache 官网下载地址：https://www.trufflesuite.com/ganache/。

通过 Ganache，可以快速查看所有账户的当前状态，包括它们的地址、私钥、交易和余额（图 6-11）；可以查看 Ganache 内部区块链的日志输出，包括响应和其他重要的调试信息；检查所有块和交易，以获取相关问题的信息。

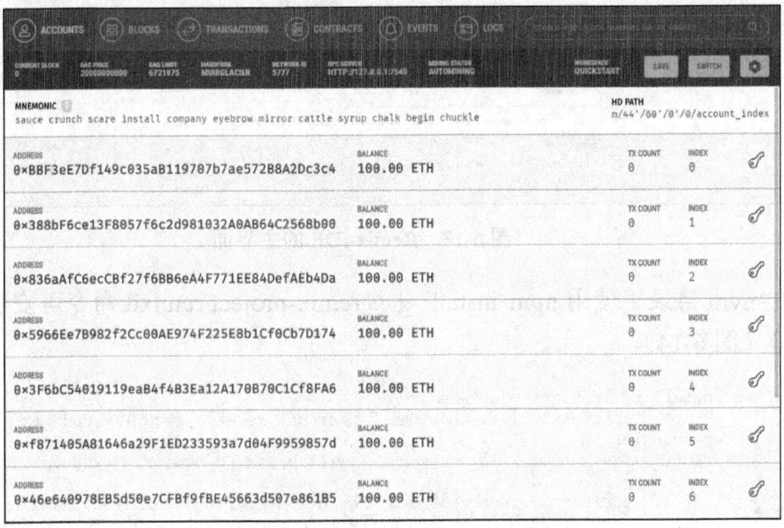

图 6-11　查看账户的当前状态

可以看到，在 Ganache 主界面列出了 Ganache 自动产生的 10 个用于测试的账户，单击一个地址右侧的钥匙图标，会显示当前账户的私钥（图 6-12）。

图 6-12　查看当前账户的私钥

6.1.3 编程工具准备

1. Remix IDE

Remix IDE 是一款基于浏览器的在线 IDE，它用于开发以太坊智能合约，功能非常强大，使用起来也非常方便。由于它是基于浏览器的 IDE，所以不用安装 Solidity 运行环境。Remix IDE 的地址：http://remix.ethereum.org。

进入网址后就出现了 Remix IDE 的主界面（图 6-13）。

图 6-13　Remix IDE 的主界面

在 E:\nvm 目录下使用 npm install -g @remix-project/remixd 命令可安装 Remix IDE 本地环境（图 6-14）。

```
E:\nvm>npm install -g @remix-project/remixd
npm WARN deprecated chokidar@2.1.8: Chokidar 2 does not receive security updates since 2019.
15x fewer dependencies
npm WARN deprecated fsevents@1.2.13: fsevents 1 will break on node v14+ and could be using in
 fsevents 2.
npm WARN deprecated source-map-resolve@0.5.3: See https://github.com/lydell/source-map-resolv
npm WARN deprecated resolve-url@0.2.1: https://github.com/lydell/resolve-url#deprecated
npm WARN deprecated source-map-url@0.4.1: See https://github.com/lydell/source-map-url#deprec
npm WARN deprecated urix@0.1.0: Please see https://github.com/lydell/urix#deprecated
E:\nvm\nodejs\remixd -> E:\nvm\nodejs\node_modules\@remix-project\remixd\src\bin\remixd.js

> @remix-project/remixd@0.6.6 postinstall E:\nvm\nodejs\node_modules\@remix-project\remixd
> node src/scripts/installSlither.js
```

图 6-14　安装 Remix IDE 本地环境

使用命令 remixd -v 可查看当前安装的 Remixd 版本信息（图 6-15）。

```
E:\nvm>remixd -v
0.6.9
```

图 6-15　查看 Remixd 版本信息

可将本地文件与浏览器在线 Remix IDE 连接。首先使用命令 remixd -s F:\RemixProjects\

noteOnChain--remix-ide http://remix.ethereum.org，然后在在线 Remix 的 workspace 中选择 localhost 即可。

2. MetaMask 插件

MetaMask 是一个浏览器插件，可以用作以太坊钱包，帮助用户方便地管理自己的以太坊数字资产。它允许用户存储 Ether 和其他 ERC-20 令牌，从而使它们能跟其他以太坊地址之间进行交易转账。

MetaMask 可以像任何常规插件一样安装。MetaMask 插件的下载地址：https://metamask.io/。用谷歌浏览器 Chrome 打开"扩展程序"，勾选开发者模式，选择"加载已解压的扩展程序"，在弹出的菜单中选择解压的 MetaMask 文件包（图 6-16）。在 Chrome 浏览器右上角出现一个小狐狸图标，表明 MetaMask 已经安装成功。

图 6-16 MetaMask 安装成功

6.2 Solidity 程序框架

6.2.1 简单的 Solidity 实例

Solidity 语言的语法接近于 JavaScript，它是一种面向对象的语言。作为一种运行在网络上的去中心化的合约编写语言，Solidity 语言有以下特点：

（1）以太坊底层是基于账户的，而不是基于 UTXO，所以有一个特殊的 address 类型，用于定位用户、定位合约以及定位合约的代码（合约本身也是一个账户）。

（2）由于 Solidity 语言的内嵌框架是支持支付的，所以提供了一些关键字，如 payable，可以在语言层面直接支持支付。

（3）由于存储可以使用网络上的区块链，数据的每一个状态都可以永久存储，所以需要确定变量是使用内存还是区块链。

（4）Solidity 语言的运行环境在去中心化的网络上，一个简单的函数调用变为一个网络上的节点中的代码执行，因此合约或函数执行的调用方式很重要。

（5）Solidity 语言具有异常处理机制，一旦出现异常，所有的执行都将会被回撤，这主要是为了保证合约执行的原子性，以避免中间状态出现的数据不一致。

下面先从一个简单的智能合约的例子开始，了解一下智能合约的主要内容和Solidity语言的基本结构。

【例6-1】 一个简单的智能合约。

```
1  pragma solidity >= 0.7.0 < 0.9.0;
2  contract Storage {
3    uint256 number;
4    function set(uint256 num) public {
5        number = num;
6    }
7    function get() view returns (uint256) {
8        return number;
9    }
10 }
```

第 1 行告诉编译器源代码所适用的 Solidity 版本为>=0.7.0 及<0.9.0。这样说明是为了确保合约不会在新的编译器版本中发生异常行为。

第 2 行开始是关键字 contract，它定义了一个合约，Storage 是智能合约的名称。合约位于以太坊区块链上的一个特殊地址。合约可以包含状态变量、函数、事件、自定义类型等。其基本的结构如下：

```
contract Storage {
    //合约体
    ...
}
```

花括号{}中是合约体。

第 3 行声明了一个名为number 的状态变量，其类型为uint256（即 256 位无符号整数）。

第 4～6 行定义了 set 函数，第 7～9 行定义了 get 函数。在 Solidity 语言中，除非使用 private 修饰符，否则所有函数都是可见的，并且是可执行的。set 函数的形参 num 接收 uint256 类型的数值，并将其赋值给 uint256 类型状态变量 number。get 函数有只读声明 view，意味着只可以查看而不允许修改。returns (uint256)表示 get 函数的返回值为 uint256 类型。

执行这个简单的智能合约将完成如下的工作：首先执行 set 函数，输入一个正整数，然后执行 get 函数，将该正整数显示出来。

6.2.2 Solidity 源文件结构

1. 版本标识

使用 Solidity 语言编写合约，首先要在程序的第 1 行使用 pragma 声明所使用的编译器版本，例如：

```
pragma solidity ^0.7.0;
```

pragma 是 pragmatic information 的简称，即版本标识，说明 Solidity 程序可以用哪些版本的编译器进行编译。版本标识用于启动编译器检查，避免因为 Solidity 更新后造成的不兼容和语法变动的错误。其中，"^"字符是指主版本中的最新版本。因此，上面

的版本标识表示该源文件既不允许低于 0.7.0 版本的编译器编译，也不允许高于（包含）
0.8.0 版本的编译器编译（第二个条件因使用^被添加）。这种做法的考虑是，编译器在
0.8.0 版本之前不会有重大变更，所以可确保源代码始终按预期被编译。

也可以直接指定编译器的版本范围，例如：

```
pragma solidity >= 0.7.0 < 0.8.0;
```

2. 引入其他源文件

Solidity 语言支持导入语句，其语法与 JavaScript 非常类似。在 Solidity 语言中，导入文件时可以用 import。import 导入语句有几种用法。

（1）在全局层面上，可使用如下格式的导入语句：

```
import "filename";
```

该语句将从导入路径"filename"中导入所有的全局符号到当前全局作用域中，但这种形式不建议使用，因为如果在"filename"中添加新的符号，它会自动出现在所有导入"filename"的文件中，对当前命名空间的影响无法预测。

（2）通过创建新的 symbolName 全局符号，表示从文件中引入的所有成员，格式如下：

```
import * as symbolName from "filename";
```

（3）如果存在命名冲突，则可以在导入时重命名符号。例如，下面的代码创建了新的全局符号 alias 和 symbol2，分别从"filename"引用 symbol1 和 symbol2。

```
import {symbol1 as alias, symbol2} from "filename";
```

3. 注释

Solidity 语言支持两种注释方式：一种是单行注释，使用双斜杠（//）作为开始；另一种是多行注释，使用单斜杠和星号作为开始，星号和单斜杠作为结束（/*...*/）。例如：

```
// Solidity 语言单行注释
/*
    Solidity 语言
    多行注释
*/
```

此外，还有一种称为 NatSpec 的描述注释，这是以太坊自然语言规范格式。Solidity 合约可以使用这种特殊形式的注释为函数、返回变量等提供丰富的文档，并由 Solidity 编译器解释这些注释。

注释文档分为开发文档和用户文档。用户文档比较简单，直接使用斜杠和双星号开始的多行注释（/**...*/），或者单行注释时用三个单斜杠（///）作为开始；开发文档需要加一些注释标签（表 6-1）。

表 6-1　Solidity 文档注释标签

标签	说明	语境
@title	描述 contract/interface 的标题	contract，interface，library
@author	作者姓名	contract，interface，library

标签	说明	语境
@notice	向最终用户解释这是做什么的	contract，interface，library，function，公共状态变量，event
@dev	向开发人员解释任何额外的细节	contract，interface，library，function，状态变量，event
@param	记录参数（后面必须跟参数名称）	function，event，自定义错误
@return	函数的返回变量	function，公共状态变量
@inheritdoc	从基本函数中复制所有缺失的标签（后面必须跟合约名称）	function，公共状态变量
@custom:…	自定义标签，语义由应用程序定义	所有位置均可以

【例 6-2】 注释标签的使用。

```solidity
pragma solidity >=0.7.0 <0.9.0;
/**
 * @title 一个简单的合约实例
 * @dev 设置&读取一个状态变量的值
*/
contract Storage {
   uint256 number;
   /**
    * @dev 设置一个状态变量的值
    * @param num:将 num 的值赋给状态变量 number
   */
   function set(uint256 num) public {
       number = num;
   }
   /**
    * @dev 读取一个状态变量的值
    * @param number:读取状态变量 number 的值
   */
   function get() view returns (uint256){
       return number;
   }
}
```

用户文档和开发文档都是编译的可选输出。

6.2.3 合约文件结构

在 Solidity 语言中，合约类似于其他面向对象编程语言中的"类"。每个合约可以包含状态变量、函数、函数修改器、事件、错误、类型声明等，且合约可以从其他合约继承。还有一些特殊的合约，如库和接口。

1. 状态变量

状态变量是 Solidity 合约重要的特性之一，状态变量由矿工永久存储在以太坊账本中。在合约中，在函数外声明的变量称为状态变量，它类似于其他高级程序设计语言中的成员变量。之所以称为状态变量，是因为以太坊交易的本质是一种状态机，从一种状态到另一种状态。合约在适当的条件下触发交易，状态变量存储合约的当前值。状态变量的内存是静态分配的，并且在合约的生命周期内不能更改分配内存的大小。因此必须静态声明每个状态变量的数据类型。

Solidity 的状态变量有 private、public 两种，其中 private 表示私有，在本合约里可见；public 表示公有，在本合约及它的子合约里都可见。如果一个状态变量既没有被 private 修饰，也没有被 public 修饰，则它默认是私有的。

例 6-1 中的 number 就是一个私有的状态变量：

```
contract Storage {
    uint256 number; // 私有的状态变量
    // …
}
```

2. 函数

例 6-1 中已经介绍了 set()函数和 get()函数。在 Solidity 语言中，函数这种机制是为了从状态变量中读取值或向状态变量中写入值。

函数定义的语法格式如下：

```
function functionName(<param types>) [returns (<return types>)]{
    // 函数体
    …
}
```

函数是一个按需调用的执行代码单元，函数的定义是在 function 关键字后面跟着函数名，如 Mybid、helper。函数可以接收参数，参数表<param types>可以是多个以逗号分隔的参数。花括号{ }内可编写代码来定义函数，执行函数体里的语句，如果函数有返回值，使用 returns 关键字加上返回值类型列表<return types>。Solidity 语言允许多返回值。

函数的定义和调用可发生在合约内外，例如：

```
contract Auction {
    // Mybid()函数在合约内定义
    function Mybid() public payable {
        // …
    }
}
// helper()函数在合约外定义
function helper(uint x) pure returns (uint) {
    // …
}
```

函数具有和状态变量类似的可见性限定符，以及可在函数中执行的与操作有关的限定符，将在后文详细介绍。

3. 函数修改器

函数修改器与 Solidity 语言中某个函数相关联，它可以用来改变其关联函数的行为，比如用于在函数执行前检查某种前置条件。函数修改器是智能合约的可继承属性，可以被重写。

假设调用某个函数，在执行这个函数之前，可以使用函数修改器来检查合约的某个条件，如当前状态、传入参数的值、状态变量等，并决定是否应该执行目标函数，这有助于编写更简明的函数。

下面是使用函数修改器的例子。

【例 6-3】 函数修改器的使用。

```
contract MyPurchase {
    address public seller;
    // 定义一个函数修改器
    modifier onlySeller() {
        // 判断此函数调用者是否为 seller，如果不是则抛出错误
        require(msg.sender == seller,"Only seller can call this.");
        _;
    }
    function abort() public onlySeller { // 函数修改器的使用
        // …
    }
}
```

在例 6-3 中，使用 modifier 关键字创建了函数修改器，modifier 后面是对应的函数修改器名称 onlySeller，可以接收参数或不接收参数。

函数修改器 onlySeller 首先用 require() 函数检查 msg.sender == seller，这里用 msg.sender 检查传入地址的值，看其是否为 seller，如果不是则抛出错误。require() 函数一般用于检查前置条件，在函数修改器中用得非常多。

接下来是一个占位符下划线"_;"，表示修改器所修改的目标函数被插入的位置。在被 abort() 函数调用后，abort() 函数中代码的位置就等于在 "_;" 位置进行填充。

同一个函数也可以有多个修改器，它们之间以空格隔开，修改器会依次检查执行。修改器或函数体中显式的 return 语句仅跳出当前的修改器和函数体，但整个执行逻辑会从前一个修改器中定义的 "_" 之后继续执行。

4. 事件

Solidity 语言中的事件（event）是以太坊虚拟机（EVM）上日志的抽象，它具有两个特点：

（1）事件是智能合约发出的信号。智能合约的前端 UI，如 DApps、web.js 或任何与以太坊 JSON-RPC API 连接的应用程序，都可以监听这些事件。

（2）每个事件大概消耗 2000Gas，而链上存储一个新变量至少需要 20000Gas，相比之下，事件是 EVM 上比较经济的存储数据的方式。

Solidity 语言中的事件是从合约中触发的，能方便地调用 EVM 的日志功能，向调用应用程序通知合约的当前状态。换言之，事件起到一个接口的作用，它们用于通知应用程序有关合约中的改变，并且应用程序可以使用它们执行相关的逻辑。

Solidity 语言中，可以使用 event 关键字定义一个事件，然后可以在函数中使用 emit 关键字触发事件。例如，下面是一个事件示例。

【例 6-4】 事件的用法。

```
contract Auction {
    event eventTest(address bidder, uint amount);    // 事件
    function bid() public payable {
        // …
        emit eventTest(msg.sender, msg.value);       // 触发事件
    }
```

事件的声明由 event 关键字开头，后面跟着事件名称 eventTest，然后是参数列表 (address bidder, uint amount)，括号里是事件要记录的变量类型和变量名，参数的值用于记录信息或执行条件逻辑。

合约中的函数在全局域有效，并且被合约中的函数所调用。函数 bid() 中使用 emit 指令触发事件，通过事件参数响应执行代码。

5. 错误

Solidity 语言为了应对失败，在 0.8.4 版本，合约结构中增加了错误（error），允许用户定义 error 来描述错误的名称和数据，通过 revert 函数抛出错误提示信息。revert 函数与 require 函数非常相似，revert 函数可停止执行智能合约，恢复执行期间所做的所有更改，但不会扣除用户的 Gas 费用。

与错误字符串相比，error 花费更少的 Gas，并且允许编码额外的数据，还可以使用 NatSpec 注释形式。

【例 6-5】 错误处理。

```
error NotEnough(uint requested, uint available);
contract errorTest{
    mapping(address => uint) balances;
    function transfer(address to, uint amount) public {
        uint balance = balances[msg.sender];
        if (balance < amount)
            revert NotEnough(amount, balance);
        balances[msg.sender] -= amount;
        balances[to] += amount;
        // …
    }
}
```

例 6-5 定义了一个错误函数 NotEnough，它有两个参数：requested 表示需要的资金，available 表示仅有的资金。

在合约 errorTest 中，当资金不足时，可通过 revert 函数抛出设定错误提示信息，如"没有足够的资金用于转账"。

6.3 Solidity 语言的数据类型

6.3.1 数据类型概述

Solidity 语言的数据类型主要分为两种：值类型和引用类型。这两种类型的变量赋值和存储在 EVM 中的方式有所不同。值类型是复制变量的独立副本，更改一个变量的值不会影响另一个变量的值。但是，如果更改引用类型变量中的值，那么任何引用该变量的地方都会获取更新后的值。

1. 值类型

如果一个类型将数据直接保存在内存中，则称该类型为值类型。值类型是大小不超过 32 字节的类型。Solidity 语言提供的值类型主要包括布尔类型、整型、定长字节类型、枚举类型和地址类型。

2. 引用类型

引用类型不直接将其值存储在变量本身中，而是保存了指向另一个实际存储数据的内存位置的指针。Solidity 语言提供了数组、结构、字符串、映射、不定长字节类型等引用类型。

6.3.2 布尔类型

Solidity 语言提供了布尔类型，使用关键字 bool 来定义，可用于表示具有真、假结果的情况。布尔类型有两个常量：true（真）和 false（假），默认值为 false。下面是布尔型变量声明和赋值的例子：

```
bool is = true;
```

很多高级语言，比如 C 语言，支持把非 0 的数转换为 true，而把 0 转换为 false，但 Solidity 语言不同，它不支持其他数据类型显式或隐式地转换为布尔类型。例如，下面的操作 Solidity 语言是不支持的：

```
if (1){
    return true;
}
```

布尔类型支持的运算符有&&（逻辑与）、||（逻辑或）、!（逻辑非）、==（等值判断）、!=（不等值判断）。

6.3.3 整型

Solidity 语言提供了两种类型的整数：有符号整数和无符号整数。有符号整数可以是负值、零和正值；而无符号整数只能是正值和零。

Solidity 语言提供了多种数据类型来表示无符号整数，如 uint8、uint16、unit24、uint256 等。相应地，有符号整数的数据类型也有多种，如 int8、int16、unit24、int256

等。int 是 int256 的缩写形式，uint 是 uint256 的缩写形式。

以太坊的存储和计算都需要费用，为了更好地利用存储空间，减少费用，编程时要根据实际需要选择适当大小的整数。例如，如果数值在 0～255，可选择 uint8；而如果数值在-128～127，则选择 int8 比较合适。不管是有符号整数还是无符号整数，它们的默认值都是 0，在声明时会自动初始化。

可以对整数类型进行数学运算，整数类型支持的运算符如下：

比较运算符：<=、<、==、!=、>=、>。

位运算符：&（按位与）、|（按位或）、^（按位异或）、~（按位取反）。

算术运算符：+（加）、-（减）、*（乘）、/（除）、%（取余）。

正负运算符：一元运算 -、一元运算 +。

幂运算符：**。

移位运算符：<<（左移位）、>>（右移位）。

6.3.4　字节类型

Solidity 语言具有多种字节数据类型，定长字节类型的范围为 1～32 字节，其中 bytesn 数据类型代表 n 个字节，可以根据实际需要选择不同长度的字节类型。一个字节类型变量可以以十六进制格式赋值，例如：

```
bytes1 char1 = 0x66;
bytes4 char4 = 0x16161616
```

字节类型的默认值是 0x00，声明时可用默认值进行初始化。Solidity 语言还有一个 byte 类型，它是 bytes1 的别名。

字节类型支持的运算符如下：

比较运算符：<=、<、==、!=、>=、>（返回布尔类型）。

位运算符：&（按位与）、|（按位或）、^（按位异或）、~（按位取反）。

移位运算符：<<（左移位）、>>（右移位）。

索引访问：如果 x 是 bytesI 类型，那么 x[k]（其中 0 <= k < I）返回第 k 个字节。

可以用 length 方法获取字节数组的长度，例如：

```
if(a.length == b.length){
    return false;
}
```

在 Solidity 语言中，不定长字节类型声明为 bytes，但 Solidity 语言没有与 bytes 相关的内置比较函数。

6.3.5　枚举类型

枚举是 Solidity 语言中的一种用户自定义类型。枚举类型中的枚举值可显式转换为整数，但从整数类型隐式转换是不允许的。从整数类型显式转换枚举类型，会在运行时检查整数是否在枚举范围内，否则会导致异常。

枚举类型至少有一个元素，每个常量值对应一个整数值，第一个值为 0，每个连续项的值增加 1。默认值是第一个成员，枚举列表不能多于 256 个成员，根据枚举类型中的个数，会自动转换为 uint8，uint16，…，uint256。

枚举类型的定义包含一个枚举列表和一组预定义的常量，例如：

```
contract Upchain {
    enum State { Created, Locked, InValid } // 枚举类型定义
}
```

在 Upchain 合约中，利用关键字 enum 声明了一个枚举类型 State，后面紧跟枚举值列表{ Created, Locked, InValid }。

【例 6-6】 枚举类型的使用。

```
pragma solidity ^0.7.0;
contract EnumDemo{
    enum Color{
        Red,                            // 值为 0
        Green,                          // 值为 1
        Blue,                           // 值为 2
    }

    Color colorPen;
    function setColor() public {
        colorPen = Color.Red;           // 将画笔的颜色设置为红色 Red
    }
}
```

例 6-6 创建了一个 Color 枚举类型来保存设置的颜色，然后在 setColor()函数中将画笔 colorPen 的颜色设置为红色 Red。

6.3.6 地址类型

区块链进行以太币传递的时候必须从一个地址传递到另一个地址，无论交易或者合约都离不开地址。因此把地址类型作为 Solidity 语言的内嵌数据类型对开发者来说是十分方便的。

1. 地址类型的形式

地址类型有两种形式，它们大致相同。

1）address

address 地址类型表示以太坊环境中的账户地址，以太坊中的账户地址的长度为 20 字节，即 160 位，所以地址类型可以用 uint160 来声明。以太坊钱包地址以十六进制的形式呈现，因此，钱包地址的长度为 40 个十六进制位。地址类型用 address 来声明，例如：

```
address public addr = 0xDF12793CA392EA748CEF023D146C8dA73AB6E304;
```

2）address payable

address payable 是可支付地址，与 address 相似，有成员函数 transfer 和 send。可以向 address payable 发送以太币，但不能向一个普通的 address 发送以太币。例如，它可能是一个智能合约地址，并且不支持接收以太币。

允许从 address payable 到 address 的隐式转换，而从 address 到 address payable 必须进行显式转换，通过 payable(<address>) 进行转换。

地址类型是一个值类型,可以进行比较运算,地址类型支持的运算有<=、<、==、!=、>=和>。

2. 地址类型的属性/方法

在 Solidity 语言中,所有合约都继承地址类型。这不仅是语法上的实现,而且在实际情况中合约本身也离不开地址,包括合约的部署和执行都需要地址的参与。表 6-2 列出了地址类型的属性/方法。

表 6-2 地址类型的属性/方法

属性/方法	含义	备注
balance	获取余额	属性,其余的都是方法
transfer	转账	建议使用
send	转账	不建议使用
call	合约内部调用合约	
delegatecall		调底层代码,不建议使用
callcode		调底层代码,不建议使用

地址类型的变量可以保存合约账户地址及外部账户地址。如表 6-2 所示,地址类型具有 balance 属性,该属性返回账户可用的以太币数量。

Solidity 语言提供了两个函数来交易以太币:send 函数和 transfer 函数,它们都可以向一个账户发送以太币。

Solidity 语言提供了三个用于调用合约函数的函数:call、delegatecall 和 callcode,这几个函数都是底层函数,使用比较少。

1) balance 属性

balance 属性用于查询账户地址的余额,单位是 Wei。通过 balance 属性可以得到一个地址的余额。

【例 6-7】 查询某个账户地址的余额。

```
pragma Solidity ^0.7.0
contract getBalanceDemo{
    // 定义账户地址 addr
    address public addr = 0xDF12793CA392EA748CEF023D146C8dA73AB6E304;
    // 获取账户地址 addr 的余额
    function getBalance(address addr) constant public returns(uint160){
        return addr.balance;              // 返回账户余额
    }
}
```

在例 6-7 的程序中,getBalance()函数通过账户地址 addr 获取账户余额 balance。

2) transfer 函数

实现 Solidity 智能合约转账可以使用 transfer 函数,transfer 函数可以用于向一个给定的地址发送以太币,单位是 Wei。智能合约里面需要有一定的以太币,否则智能合约将无法给调用者发送以太币,可以在创建合约时给合约方发送一定的以太币来测试。如果发送失败，transfer 函数会抛出异常，并且以太币被退回；如果抛出失败，补助 2300Gas，Gas 补助不可调节。

具有转账功能的智能合约的构造函数 constructor 必须显式地指定为 payable。

3）send 函数

send 函数的主要作用是发送以太币。send 函数和 transfer 函数的区别是，前者是底层函数，返回布尔值。如果 send 函数在执行过程中失败，正在执行的合约不会被中断和抛出异常，但会返回 fasle。

如果调用栈深度超过 1024 或是 Gas 不够，转账操作会失败。为了确保以太币转账安全，如果用 send 函数，就必须每次都要检查返回值，而使用 transfer 函数无须检查，因为会抛出异常。

4）call 函数

为了不依赖与 ABI 的合约进行交互，call 函数接收任意类型的任意数量的参数。参数被填充成 32 字节链接起来。有一种情况例外：当第一个参数被加密成 4 字节，不允许使用 call 方法。

call 函数返回布尔值。正常结束返回 true，异常结束返回 false，不能获得真实返回的数据，因此需要预先知道数据编码方式和数据大小。

5）delegatecall 函数

delegatecall 函数和 call 函数的区别是能调用指定地址的代码，所有其他方面（如存储、余额等）都从当前合约获得。delegatecall 函数的作用是调用存储在另一个合约中的库代码。所以开发者需要保证两个合约的存储设计都适合 delegatecall 函数调用。

6）callcode 函数

实际上，可以认为 delegatecall 函数是 callcode 函数的一个 bugfix 版本，官方已经不建议使用 callcode 函数了。callcode 函数和 delegatecall 函数的区别在于 msg.sender 不同。

call 函数是最常用的调用方式，调用后内置变量 msg 的值会修改为调用者，执行环境为被调用者的运行环境；delegatecall 函数调用后内置变量 msg 的值不会修改为调用者，但执行环境为调用者的运行环境；callcode 函数调用后内置变量 msg 的值会修改为调用者，但执行环境为调用者的运行环境。

6.3.7　数组类型

数组是具有相同类型的一组数值，数组元素可以为任何类型，包括映射或结构体。Solidity 语言支持两种数组：静态数组和动态数组。静态数组不能新增元素，但可修改现有元素的值。数组有一个属性 length，可用来获取数组的长度。

【例 6-8】　静态数组的使用。

```
pragma Solidity ^0.7.0
contract fixArrayDemo{
    // 声明一个长度为 5 的静态数组
    uint8[5] fixedArray = [1, 2, 3, 4, 5];
    function testArray() public view returns(uint8){
        uint8 i, sum = 0;
```

```
        for(i = 0; i < fixedArray.length; i++){
            sum += fixedArray[i];
        }
        return sum;
    }
}
```

动态数组长度不固定，可以通过 push 动态添加元素，添加的元素在数组的最后。动态数组也可以修改数组长度，修改数组长度以后，除了指定长度内的元素，其他数组元素都被删除。

【例 6-9】　动态数组的使用。

```
pragma Solidity ^0.7.0
contract dynamicArrayDemo{
    // 声明动态数组，不指定数组长度
    uint8[] dynamicArray = [1, 2, 3, 4, 5];
    function testArray() public view returns(uint8){
        uint8 i, sum = 0;
        // 使用 push 在尾部追加第 6 个元素，并赋值为 6
        dynamicArray.push(6);
        for(i = 0; i < dynamicArray.length; i++){
            sum += fixedArray[i];
        }
        return sum;
    }
}
```

6.3.8　结构类型

在 Solidity 语言中，结构类型是一种用户自定义类型。结构是一个复合数据类型，由多个不同数据类型的变量组成，在结构中可以包含任何类型。结构由 struct 关键字定义，在 struct 关键字后跟上结构名称，然后紧跟着在花括号{}内定义相关的变量。例如，定义一个投票者信息的结构如下：

```
contract Ballot {
    struct Voter {
        uint weight;          // 权重
        bool voted;           // 该投票者是否已投票
        address delegate;     // 委托的投票代表的地址
        uint vote;            // 提案索引号
    }
}
```

上面定义了一个投票者信息的结构 Voter，其中包含该投票者的权重、是否已投票、委托的投票代表的地址、提案索引号等。

6.3.9　字符串类型

Solidity 语言中的字符串类型实际上是可变长度的字节数组，使用关键字 string 定义。

字符串要使用双引号" "或单引号' '括起来。例如，定义一个字符串变量：

```
string strName="bigc";
```

在上例中，strName 是字符串变量，"bigc"是字符串。在 6.3.4 节中介绍了字节类型可以用 length 方法获取其长度，但是字符串类型不能通过 length 方法直接获取其长度，只能通过 bytes(strName).length 方式获得，其中 strName 是字符串变量。

【例 6-10】 字符串的使用。

```
pragma solidity ^0.7.0;
contract StringLiterals{
    string  strName; // 状态变量

    // 用构造函数对状态变量 strName 进行初始化
    function StringLiterals() {
        strName = "bigc";
    }

    // 设置状态变量 strName 的值
    function setStr(string name) {
        strName = name;
    }

    // 读取状态变量 strName 的值
    function name() constant returns (string) {
        return strName;
    }

    // 获取状态变量 strName 的长度
    function getNameLength() constant returns(uint) {
        return bytes(strName).length;
    }
}
```

6.3.10 映射

映射是 Solidity 语言中常用的引用类型之一。映射可以看成一个哈希表，类似于 Python 语言中的字典。它们存储键值对，并允许根据提供的键来检索值。映射使用 mapping 关键字声明映射，后跟由=>分隔的键 key 和值 value 的数据类型。其语法格式如下：

```
mapping(keyType => valueType)
```

其中，keyType 和 valueType 分别是键 key 和值 value 的数据类型。keyType 可以是任何内置类型，或者 bytes 和字符串。不允许使用引用类型或复杂对象。valueType 可以是任何类型。

可以给映射新增键值对，其语法格式如下：

```
Var[key] = value
```

其中，Var 是映射变量名，键 key 和值 value 对应新增的键值对。

映射具有与其他数据类型一样的标识符，并且它们可用于访问映射。Solidity 语言的映射与 Python 语言中的字典类型类似，但在使用上有比较多的限制。

（1）映射的存储类型必须是 storage，因此可以用于合约的状态变量、函数中的 storage 变量，不能用于 public 函数的参数或返回结果中。

（2）如果映射声明为 public，那么 Solidity 语言会自动创建一个 getter 函数，可以通过键 key 来查询对应的值 value。

【例 6-11】　映射的使用。

```
contract mappingDemo{
    mapping(address => uint) public balances;

    function update(uint amount) returns (address addr){
        balances[msg.sender] = amount;
        return msg.sender;
    }
}
```

在例 6-11 中定义了一个映射状态变量 balances，其权限类型为 public，键的类型是地址 address，值的类型是整型 uint。在 update 函数中，整型参数 amount 表示余额数量，msg.sender 是合约创建者的地址，balances[msg.sender]=amount 将参数 amount 的值和 msg.sender 这个地址对应起来。

6.4　Solidity 的控制结构

Solidity 语言支持高级程序设计语言中的大部分控制结构，除了 switch 和 goto。Solidity 语言中有 if、else、while、do、for、break、continue、return、? : 等控制结构的关键字，这些关键字的语义与在 C 语言或者 JavaScript 语言中的语义相同。

6.4.1　条件语句

Solidity 的条件语句使用关键字 if 和 else，对应 if 和 else 的语句块要用花括号{}括起来，即使只有一条语句也必须如此。格式如下：

```
if (条件表达式) {
    // 条件为 true 时
    语句块 1
} else {
    // 条件为 false 时
    语句块 2
}
```

【例 6-12】　条件语句的使用，返回整数 a、b 中较大的数。

```
pragma solidity ^0.7.0;
contract conditionDemo {
    function getData() public view returns(uint){
```

```
        uint a = 1;
        uint b = 2;
        uint result;
        // 用 if…else 条件语句对 a、b 的大小进行判断
        if( a > b) {
            result = a;
        } else {
            result = b;
        }
        return result;
    }
}
```

6.4.2 循环语句

Solidity 语言提供了三种循环语句，即 for 循环、while 循环、do…while 循环，以及循环控制语句：continue 和 break。

1. for 循环

Solidity 语言的 for 循环语句非常简单，当循环条件满足时，执行循环体语句，格式如下：

```
for (循环变量初始化; 循环条件; 迭代语句) {
    // 循环条件为真
    循环体语句
}
```

【例6-13】 for 循环语句的使用，求累加和。

```
pragma solidity ^0.7.0;
contract forDemo {
    function forSum(uint8 n) public pure returns(uint16){
        uint16 result = 0;
        for (uint8 i = 1; i <=n; i++)
            result += i;
        return result;
    }
```

2. while 循环

Solidity 语言的 while 循环语句在循环条件为真时重复执行循环体语句，一旦条件为假，则循环终止。其格式如下：

```
while (循环条件) {
    // 循环条件为真
    循环体语句
}
```

下面把例 6-13 用 while 循环语句实现。

【例 6-14】　while 循环语句的使用，求累加和。

```solidity
pragma solidity ^0.7.0;
contract whileDemo{
    function whileSum(uint8 n) public pure returns(uint16){
        uint16 result = 0;
        uint8 i = 0;
        while(i++ <= n){
            result += i;
        }
        return result;
    }
}
```

3. do…while 循环

do…while 循环与 while 循环非常相似，只是循环条件是在循环结束时检查，而不是在循环开始时检查，也就是说，即使循环条件为假，循环也会执行至少一次。do…while 循环的格式如下：

```
do {
    循环体语句
}while(循环条件)
```

下面把例 6-13 和例 6-14 用 do…while 循环语句实现，大家可以对比一下它们的差别。

【例 6-15】　do…while 循环语句的使用，求累加和。

```solidity
pragma solidity ^0.7.0;
contract whileDemo {
    function doWhileSum(uint8 n) public pure returns(uint16){
        uint16 result = 0;
        uint8 i = 0;
        do{
            result += i;
        }while(i++ <= n)
        return result;
    }
}
```

可以看到，例 6-13、例 6-14 和例 6-15 的功能相同，都是求解 1～n 的累加和。它们的不同之处在于循环条件初始化和改变循环控制变量的位置不同。for 循环是将循环条件初始化和改变循环控制变量的语句放在 for 结构中，而 while 语句和 do…while 语句的循环条件初始化是放在 while 和 do…while 循环语句之前，循环控制变量的改变放在循环体中。

4. continue 语句

Solidity 语言支持在循环语句中采用 continue 语句和 break 语句来改变循环流程。

continue 语句跳出本次循环，继续执行下一次循环。

【例6-16】 使用 continue 语句跳出本次循环，求奇数之和。

```solidity
pragma solidity ^0.7.0;
contract continueDemo {
    function continueLoop(uint8 n) public pure returns(uint16){
        uint16 result = 0;
        uint8 i = 0;
        while(i++ <= n){
            if (i%2 == 0)
                continue;
            result += i;
        }
        return result;
    }
}
```

在例 6-16 程序中，当遇到偶数的时候，条件(i%2 ==0)满足，执行 continue 语句，跳出本次循环，因此不会执行 "result += i;" 语句，偶数没有累加到 result 中。

5. break 语句

break 语句可用来跳出循环体，不再执行当前循环。

【例6-17】 使用 break 语句跳出本次循环体，求累加和。

```solidity
pragma solidity ^0.7.0;
contract continueDemo {
    function breakLoop(uint8 n) public pure returns(uint16){
        uint16 result = 0;
        uint8 i = 0;
        while(i++ <= n){
            if (result > 1000)
                break;
            result += i;
        }
        return result;
    }
    return result;
}
```

在例 6-17 程序中，求 1～n 的累加和，但如果给的 n 比较大，累加和大于 1000 时跳出循环体，不再继续进行累加运算。

6.4.3 三目运算符

在很多高级语言中都有三目运算符，其作用是根据一个条件表达式的结果，返回其满足条件的结果或不满足条件的结果，以提供给外部逻辑使用。Solidity 语言中也有三目运算符，如 "?:"。

【例 6-18】　三目运算符的使用，求奇数之和。

```
pragma solidity ^0.7.0;
contract continueDemo {
    function continueLoop(uint8 n) public pure returns(uint16){
        uint16 result = 0;
        uint8 i = 0;
        while(i++ <= n){
            result = i%2 == 0 ? continue: result + i;
        }
        return result;
    }
}
```

在例 6-18 程序中，用三目运算符 "?:" 实现对于奇偶数的判断，以及在不同结果下的操作。"result = i%2==0 ? continue : result + i;" 表示如果 i 是偶数，则跳出本次循环；如果 i 是奇数，则执行操作 "result = result + i;"。

6.5　Solidity 函数

6.5.1　函数的定义

在 Solidity 语言中，函数由关键字 function 声明，后面跟函数名、参数、可见性、状态可变性、返回值等的定义。其格式如下：

```
function funcName (<paramName paramTypes>) <visibility>
    <state mutability> [returns(returnType)]{
    // 函数体
    ...
}
```

1. 函数可见性

函数可见性修饰符有四种：public、internal、external 和 private。

Solidity 有两种函数调用方式：一种是内部调用，不会创建 EVM 调用；另一种是外部调用，会创建 EVM 调用。函数具有可见性修饰符会指定如何调用函数，决定函数是否可由用户或其他派生合约在外部调用，还是只允许内部调用或只允许外部调用。

函数默认的类型是 public，因此不指定任何可见性的函数就可以由用户在内部调用，也可以在外部调用。private 函数类似于内部函数，它们在派生合约中不可见。internal 修饰符和其他高级程序设计语言中的 protected 修饰符类似，internal 函数只能从当前合约或从当前合约派生的合约中访问，外部无法访问它们。external 修饰符与 public 修饰符类似，但是 external 函数只能在合约外调用，不能被合约内的其他函数调用。

【例 6-19】　public 和 private 修饰符的使用。

```
pragma solidity ^0.7.0;
```

```
contract publicDemo {
    uint a1 = 100;
    uint a2 = -10;
    // 定义一个 private 函数 privateAdd，只能在合约内部调用
    function privateAdd() private view returns(uint){
        return a1+a2;
    }

    // 定义一个 public 函数 publicAdd，在合约内外都可以调用
    function publicAdd() private view returns(uint){
        return a1+a2;
    }
}
```

2. 函数状态可变性

函数状态可变性修饰符有四种：constant、view、pure 和 payable。

在 Solidity 语言中，constant、view 和 pure 三个修饰符的作用是告诉编译器，函数不改变或不读取状态变量的值，这样函数执行就可以不消耗 Gas，这对节省 Gas 很重要。声明为 constant 函数或 view 函数，在函数体中改变状态变量的值，编译会报错；但声明为 pure 函数，则禁止对状态变量进行读写，如果在函数体中改变状态变量的值，编译会报错。

【例 6-20】 constant、view 和 pure 修饰符的使用。

```
pragma solidity ^0.7.0;
contract constantDemo{
    uint public test;
    function valueSet() public{
        test = 100;
    }

    // 编译会报警
    function getConstant() public constant returns(uint){
        test += 1;
        return test;          // 状态变量 test 的值不会改变
    }

    // 编译会报警
    function getView() public view returns(uint){
        test += 1;
        return test;          // 状态变量 test 的值不会改变
    }

    // 编译会报错
    function getPure() public pure returns(uint){
```

```
        test += 1;
    return test;
    }
}
```

在 Solidity 语言中，用 payable 修饰符声明的函数可以接受发送给合约的以太币，如果未用 payable 修饰符声明，则该函数将自动拒绝所有发送给它的以太币。

【例 6-21】　payable 修饰符的使用。

```
pragma solidity ^0.7.0;
contract payableDemo{
    uint256 public value;
    // 构造函数
    constructor()payable{
    // 在部署合约时调用一次，对合约的初始化
        value = msg.value;
    }

    function payMoney1() public view returns(uint256){
        return value;
    }

    function payMoney2() public payable returns(uint256){
        value = msg.value;
        return msg.value;
    }
}
```

例 6-21 中，value 函数用修饰符 payable 声明，则创建合约时可转账；若未用修饰符 payable 声明，则创建合约时不允许转账。payMoney1 函数未用修饰符 payable 声明，则合约不能接受转账；payMoney2 函数用修饰符 payable 声明，则合约可接受转账。

3. 函数返回值

函数返回值使用关键字 return，函数可以返回任意数量的值作为输出。

函数可以使用返回变量名的方法提供返回值，例如：

```
return value;
```

也可以直接在 return 语句中提供返回值。例如：

```
return 100;
```

Solidity 语言支持多返回值。当一个函数有多个输出参数时，可以使用元组来返回多个值。元组是由数量固定、类型可以不同的元素组成的一个列表，用圆括号()括起来，使用 return (var0, var1, …, varn) 语句，就可以返回多个值，返回值的数量需要和输出参数声明的数量一致。

【例 6-22】　函数的多返回值。

```
pragma solidity ^0.7.0;
contract returnDemo{
```

```
        uint x = 0;
        uint y = 0;

        function reverse(uint a, uint b) returns(uint, uint){
            return (b, a);
        }

        function reverseCall(uint a, uint b) {
            (x, y) = reverse(a, b);
        }
    }
```

在例 6-22 中，reverse()函数有两个返回值，通过 return (b, a)的方式返回。在 reverseCall()
函数中通过语句"(x, y) = reverse(a, b);"调用 reverse()函数，把 reverse()函数的两个返回
值分别赋给 x 和 y。

6.5.2　函数的调用方式

Solidity 语言封装了两种函数的调用方式：内部调用和外部调用。

1. 内部调用

内部调用不创建 EVM 调用，即消息调用，可以直接引用合约内的数据。例如，在
当前的合约代码单元内，调用当前合约内定义的函数、引入库函数，以及继承父合约内
的函数，可以内部调用的方式直接调用。

函数的内部调用被转换为 EVM 内简单的跳转指令。这样做的好处是，当前的内存
不会被回收，因此将内存引用传递给内部调用的函数非常有效。

【例 6-23】　函数的内部调用方式。

```
        pragma solidity ^0.7.0;
        contract internalCallDemo{
            function f(){
                ...
            }

            // 用内部调用方式调用函数 f
            function internalCall(){
                f();
            }
        }
```

在例 6-23 的程序中，internalCall 函数以内部调用的方式对合约 internalCallDemo 内
的 f 函数进行调用。可以看到，所谓内部调用方式，就是直接使用函数名去调用函数。

2. 外部调用

外部调用是从合约外部调用，会创建 EVM 调用，即发起消息调用。在合约初始化

时不能用外部调用的方式调用合约内的函数，因为这时合约还未完成初始化。

【例 6-24】　函数的外部调用方式。

```
pragma solidity ^0.7.0;
contract funcDeclaration {                    //合约 A
    function f(){
        ...
    }
}

contract externalCallDemo {                   //合约 B
    // 用外部调用方式调用合约 funcDeclaration 中的函数 f
    function externalCall(){
        funcDecl.f();
    }
}
```

在例 6-24 中，虽然合约 A 和 B 的代码放在一起，但部署到网络上后，它们是两个完全独立的合约，它们之间的函数调用是通过消息调用完成的。因此，在合约 B 中的 **externalCall** 函数是以外部调用的方式调用了合约 A 的 f 函数。外部调用方式使用"合约实例名.函数名"的方式去调用函数，如 a.f()。

3. this

除了内部调用和外部调用，还有一种 this 的调用方式。this 是强制外部调用方式，也就是可以在合约的调用函数前加 this，来强制以外部调用的方式调用当前合约内的函数。

当函数声明为外部函数时，只能从智能合约外部调用，如果要从智能合约中调用它，则必须使用 this。

6.5.3　构造函数

构造函数是任何面向对象的编程语言中的一种特殊方法，当初始化类的对象时会调用它。与其他面向对象的高级语言一样，Solidity 语言也有构造函数，它在智能合约内部提供了一个构造函数声明，它只在合约部署时调用一次，用于初始化合约状态。

构造函数用 constructor 关键字进行声明，没有任何函数名，后跟访问修饰符。

```
constructor() <访问修饰符> {
    ...
}
```

构造函数是一个可选函数，用于初始化合约的状态变量，它在创建合约时执行。构造函数可以是公有的，也可以是内部的。如果没有构造函数，则该合约将生成默认构造函数：

```
contructor() public {}
```

【例 6-25】　用构造函数给状态变量赋初始值。

```
pragma solidity ^0.7.0;
contract contructorDemo{
```

```
// 声明一个状态变量 str
string str;

// 创建一个构造函数，给状态变量 str 赋初始值
constructor() public {
    str = "bigc";
}

// 定义 getValue() 函数，读取状态变量 str 的值
function getValue() public view returns (string memory) {
    return str;
}
}
```

第 7 章
智能合约实例

　　本章通过对几个智能合约实例的分析，由浅入深地展示 Solidity 语言的特性，帮助用户理解 Solidity 语言是如何编写智能合约的。

　　智能合约实例包括电子投票系统、盲拍系统、安全的远程购买合约、微支付通道等，本章主要分析这几个实例的实现方法。

7.1 电子投票系统

7.1.1 电子投票概述

投票是社会生活中制定决策的重要依据，投票的形式从传统的举手表决、匿名投票到电子投票不断演化，投票成本不断降低，投票过程越发便捷。电子投票技术是由 David Chaum（大卫·乔姆）在 1981 年首次提出的，即在互联网环境下进行电子化形式的投票和选举。

安全的电子投票系统要保证投票者的利益和投票结果的公正性，但是中心化的电子投票系统有一些弊端，如中心节点可能在投票者不知情的情况下随意篡改投票数据或受到黑客攻击。区块链技术具有去中心化、不可篡改等特点，而智能合约的出现丰富了区块链技术的应用场景，使区块链技术可以应用于电子投票、电子存证等场景。

电子投票系统面临的主要问题是，如何将投票权分配给选民？如何防止投票过程被操纵？区块链的记录是可追溯的，所有的投票都会被区块链网络记录下来，任何选民的投票都会被记录到区块链中，每一次新的投票都会被共享到全网所有节点，系统中所有的节点都可以收到投票记录，并把收到的记录加入区块中。因此，利用区块链设计电子投票系统保证了系统的安全性、选民信息的匿名性，以及投票信息的不可篡改性和公开透明，同时所有人都可以验证投票结果的准确性。

电子投票系统的基本思路是为每张选票创建一份合约 Ballot：

```
contract Ballot {
    ...
}
```

同时，为每个参与投票的提案提供一个标识，合约的创建者 chairperson 给予每个独立的地址投票权。在具有委托功能的投票系统中，每个地址所代表的选民可以自己投票，也可以委托给信任的人来投票。投票结束时，winningProposal 函数将返回获得票数最多的提案。

7.1.2 主要的数据结构

1. 选民结构类型

选民结构主要包括选票的权重、是否已投票、受委托投票的选民地址、投票提案的索引等内容。定义选民结构类型 Voter：

```
struct Voter {
    uint weight;          // 每张选票的权重
    bool voted;           // 是否已投票, true 为已投; false 为未投
    address delegate;     // 受委托投票的选民地址
    uint vote;            // 投票提案的索引
}
```

2. 参与投票的提案类型

在选民结构类型 Voter 中定义了一个投票提案的索引 vote，指向参与投票的提案。定义提案类型 Proposal，包括提案名称和得票数：

```
struct Proposal {
    bytes32 name;                      // 提案名称
    uint voteCount;                    // 得票数
}
```

3. 状态变量

在 Ballot 合约中定义了以下几个状态变量：地址状态变量 chairperson，表示合约的创建者；映射状态变量 voters，它为每个可能的地址映射到一个选民结构 Voter，即可以通过地址查询选民；提案类型的动态数组 proposals，存储投票提案信息。

```
address public chairperson;                    // 合约创建者地址
mapping(address => Voter) public voters;       // 地址对选民信息的映射
Proposal[] public proposals;                   // 动态数组存储投票提案信息
```

7.1.3　主要的函数解析

1. 构造函数

Solidity 的构造函数仅在部署合约时调用一次，用于初始化合约状态。后续调用合约时不调用其构造函数，且一个合约只能有一个构造函数，不能进行构造函数重载。

在该构造函数中，将合约创建者 chairperson 的地址初始化为 msg.sender，并将合约创建者 chairperson 的投票权重置为 1。

构造函数有一个参数 proposalNames，即提案名称数组。构造函数的作用是为 proposalNames 中的每个提案创建一个结构体实例 Proposal({name:proposalNames[i], voteCount:0})，将提案 proposalNames[i]对应票数初始化为 0 票，并利用 proposals.push 把它添加到提案类型的动态数组 proposals 末尾。

```
constructor(bytes32[] memory proposalNames) {
    chairperson = msg.sender;
    voters[chairperson].weight = 1;

    for (uint i = 0; i < proposalNames.length; i++) {
        proposals.push(Proposal({name:proposalNames[i], voteCount:0}));
    }
}
```

2. 赋予选民投票权

giveRightToVote()函数赋予选民投票权。giveRightToVote()函数只有一个地址类型的参数 voter，表示选民。只有合约创建者 chairperson 可以调用该函数，并通过三个 require 函数进行条件判断，合约创建者 chairperson 对符合条件的选民进行投票授权，也就是待授权选民还没投过票并且其投票权重为 0 时，才能进行授权。

require()函数用于确认条件的有效性，如输入变量或合约状态变量是否满足条件，

或验证外部合约调用返回的值，使用 require()函数可以检查函数调用是否正确。require()
函数有两个参数：第一个参数为条件判断表达式，是必选项；第二个参数为返回的异常
消息提醒，是可选项。如果 require()函数的第一个参数的值为 false，则执行终止，状态
和以太币余额的所有更改都将恢复。

```
function giveRightToVote(address voter) external {
    // 此 function 的调用者一定为合约创建者
    require(msg.sender == chairperson,
        "Only chairperson can give right to vote.");
    // 若 voter 没投过票
    require(!voters[voter].voted, "The voter already voted.");
    require(voters[voter].weight == 0);
    voters[voter].weight = 1;
}
```

3. 委托投票授权

delegate()函数的作用是委托投票授权，它有一个地址类型的参数 to，delegate()函数
把投票权委托给 to。

委托是可以传递的，只要受委托者 to 也设置了委托。但是这种循环委托是比较危险
的，因为如果传递的链条太长，则可能需要消耗的 Gas 会多于区块中剩余的部分，也就
是大于设置的 gasLimit。在这种情况下，委托将不会被执行。

另外，如果形成闭环，则合约将被完全卡住，因此在 while 循环中要进行判断：
require(to != msg.sender, "Found loop in delegation.")，若受委托的选民最终是自己，则回
退到初始状态。

```
function delegate(address to) external {
    // sender 委托投票授权的选民
    Voter storage sender = voters[msg.sender];
    // sender 满足的条件：要有投票权、没有投过票、受委托的选民不是自己
    require(sender.weight != 0, "You have no right to vote");
    require(!sender.voted, "You already voted.");
    require(to != msg.sender, "Self-delegation is disallowed.");

    // 判断受委托的选民地址是否为空：address(0)或者 address(0x0)
    while (voters[to].delegate != address(0)) {
        // 找到最终的受委托的选民
        to = voters[to].delegate;
        // 不允许闭环委托，若受委托的选民最终是自己，则回退到初始状态
        require(to != msg.sender, "Found loop in delegation.");
    }

    Voter storage delegate_ = voters[to];
    // 选民不能委托授权给不能投票的账户
    require(delegate_.weight >= 1);
    sender.voted = true;          // 投票权委托出去，状态改为已投票
```

```
            sender.delegate = to;          // 投票权委托地址
        if (delegate_.voted) {
            // 若受委托者已经投过票了,
            // 则将新委托的投票权投出去,直接增加得票数
            proposals[delegate_.vote].voteCount += sender.weight;
        } else {
            // 若受委托者还没有投票,则将委托者票的权重进行叠加
            delegate_.weight += sender.weight;
        }
    }
```

4. 投票

vote()函数将某选民的票（包括委托给该选民的票）投给某个提案。该函数有一个参数 proposal，表示提案索引，也就是说 vote()函数对提案 proposals[proposal].name 进行投票。如果参数 proposal 超过了数组的范围，则会自动抛出异常，并恢复所有的改动。

```
    function vote(uint proposal) external {
        // 通过地址获取对应的投票信息
        Voter storage sender = voters[msg.sender];
        require(!sender.voted, "Already voted.");
        // 若 sender 未投票
        sender.voted = true;          // 更改投票状态为已投票
        sender.vote = proposal;        // 更改投票的提案索引

        proposals[proposal].voteCount += sender.weight; // 票的权重进行叠加
    }
```

5. 返回得票数最多的提案

在投票结束时，winningProposal()函数结合之前所有的投票，计算出得票数最多的提案，即最终胜出的提案。但是，如果有两个或更多的提案获得相同的票数，winningProposal()函数则无法记录平局的情形。

```
    function winningProposal() external view returns (uint winningProposal){
        uint winningVoteCount = 0;
        for (uint p = 0; p < proposals.length; p++) {
            if (proposals[p].voteCount > winningVoteCount) {
                winningVoteCount = proposals[p].voteCount;
                winningProposal_ = p;
            }
        }
    }
```

winnerName()函数通过调用 winningProposal()函数来获取提案数组中获胜者的索引，并以此返回获胜的提案名称。

```
    function winnerName() public view returns (bytes32 winnerName_){
        winnerName_ = proposals[winningProposal()].name;
    }
```

7.2 公开拍卖系统和盲拍卖系统

随着互联网技术的发展，传统的线下拍卖逐渐转向电子拍卖。参与者可以摆脱地域和时间的限制，通过登录拍卖平台完成拍卖，减少了人力、物力和资源的开销。通常部署一个电子拍卖场景需要依赖一个可信的第三方仲裁机构，以保证买卖双方的公平性，但第三方平台存储了大量用户的隐私数据，因此存在安全隐患。

区块链具有去中心化的特点，它不需要引入第三方机构，而且具有高度透明性和不可篡改性，因此很多研究者积极尝试在区块链上部署金融交易，包括电子拍卖。

在本节中，介绍如何用 Solidity 语言创建一个盲拍卖系统。首先介绍公开拍卖系统，每个人都可以看到报价；然后将这个公开拍卖系统扩展到盲拍卖系统，在竞拍阶段无法看到其他人的报价。

7.2.1 公开拍卖系统

公开拍卖算法的总体思路：①在竞拍期间，每个人都可以发送自己的报价（报价已经包含以太币，并将竞拍者与他们的竞拍相绑定，使竞拍者遵守竞拍规则）；②如果最高报价被其他竞拍者的报价超过了，之前报最高价的竞拍者可以拿回他的钱；③在竞拍结束后，需要手动调用合约，以便受益人收到他们的钱，因为合约无法自行激活接收功能。

为此，定义一个简单的拍卖合约 SimpleAuction：

```
contract SimpleAuction {
    ...
}
```

下面介绍合约 SimpleAuction 中的数据结构和函数。

1. 状态变量

合约 SimpleAuction 中定义了一些拍卖的参数和拍卖的当前状态。

```
// 拍卖的参数。
address payable public beneficiary;        // 竞拍受益人
uint public auctionEnd;                     // 竞拍周期

// 拍卖的当前状态
address public highestBidder;               // 当前最高报价人
uint public highestBid;                     // 当前最高报价

// 记录最高报价竞拍者的地址和其报价，以便允许撤回以前的竞拍
mapping(address => uint) pendingReturns;

// 标记竞价状态，默认值为 false，竞拍结束后设为 true，将禁止所有的变更
bool ended;
```

2. 事件

定义变更触发的事件,将合约中某些内容的更改记录到日志上,用关键字 emit 修饰。事件和日志不能在合约内部访问,但可以被子合约调用。

第一个事件 HighestBidIncreased,如果有人出现新的最高报价,则记录竞拍者的地址和他的报价。第二个事件是 AuctionEnded,参数是赢得竞拍的竞拍者地址及他最后的报价。

```
event HighestBidIncreased(address bidder, uint amount);
event AuctionEnded(address winner, uint amount);
```

3. 错误处理

Solidity 语言中的 error 用于解释操作失败的原因,可以继承,参数列表可以只定义数据类型或为空,不能重载,不能作为控制流的一种手段,合约内部和外部均可定义。

这里定义了 4 个错误处理函数:

```
error AuctionAlreadyEnded();             // 拍卖已经结束
error BidNotHighEnough(uint highestBid); // 已经有更高或相同的报价
error AuctionNotYetEnded();              // 拍卖还没有结束
error AuctionEndAlreadyCalled();         // 已调用 auctionEnd()函数
```

4. 构造函数

定义构造函数,以受益者地址 beneficiaryAddress 创建一个简单的竞拍,拍卖时间为 biddingTime 秒。

```
constructor(uint biddingTime, address payable beneficiaryAddress) {
    beneficiary = beneficiaryAddress;
    auctionEnd = block.timestamp + biddingTime;
}
```

5. 竞拍报价

bid()函数对竞拍进行报价,具体的报价随交易一起发送。只有在竞拍未中标的情况下,才会退还以太币。在 bid()函数中,参数不是必要的,因为所有的信息已经包含在交易中。这里要使用修饰符 payable,因为只有用 payable 修饰的函数才能接收以太币。

使用 revert 语句可撤销函数的调用,并回退当前调用的所有改变。

在返还报价时,简单地直接调用 highestBidder.send(highestBid)是有安全风险的,因为它有可能执行一个非信任合约。更为安全的做法是让接收方自己提取金钱,即添加最高竞拍信息到数组 pendingReturns 中。

```
function bid() external payable {
    // 若竞拍周期结束则退出函数,回退当前调用的所有改变,即撤销函数的调用
    if (block.timestamp > auctionEndTime)
        revert AuctionAlreadyEnded();

    // 若当前竞拍价并非最高则退出函数,回退当前调用的所有改变,返还以太币
```

```
        if (msg.value <= highestBid)
            revert BidNotHighEnough(highestBid);

        // 将最高报价信息添加到数组 pendingReturns 中
        if (highestBid != 0) {
            pendingReturns[highestBidder] += highestBid;
        }

        highestBidder = msg.sender;           // 更新最高报价者地址
        highestBid = msg.value;               // 更新最高报价
        emit HighestBidIncreased(msg.sender, msg.value); // 更新竞拍信息
    }
```

6. 退回报价金额

如果竞拍最高价被其他竞拍者的报价超过了，withdraw()函数退回之前出最高价的竞拍者的报价金额。

在 withdraw()函数中，首先用语句 pendingReturns[msg.sender] = 0; 将对应竞拍者的报价金额置为 0，这是非常重要的，因为作为接收调用的一部分，接收者可以在 send 返回之前重新调用该函数。若返还报价金额失败则恢复 pendingReturns 状态，即重置未付款。

这里 msg.sender 是调用该函数的地址，而不是调用整个合约的地址。由于 msg.sender 不是 address payable 类型，因此使用 payable(msg.sender)强制转换为 payable address 类型，以便使用成员函数 send()。

```
function withdraw() external returns (bool) {
    // 获取调用该函数的竞拍地址的报价金额
    uint amount = pendingReturns[msg.sender];
    if (amount > 0) {
        // 将对应竞拍者的报价金额置为 0
        pendingReturns[msg.sender] = 0;

        // 向调用该函数的竞价地址返还报价金额
        // 若返还报价金额失败则恢复 pendingReturns 状态，即重置未付款
        if (!payable(msg.sender).send(amount)) {  // sender 是一个引用
            // 这里不需抛出异常，只需重置未付款
            pendingReturns[msg.sender] = amount;
            return false;          // 退钱失败
        }
    }
    return true;                    // 退钱成功
}
```

7. 结束拍卖

auctionEnd()函数用来结束拍卖，并把最高的报价发送给受益人。auctionEnd()函数

可与其他合约进行交互，也就意味着它会调用其他函数或发送以太币。因此，结束拍卖是分阶段进行的。

（1）检查条件，包括判断竞价周期是否结束，以及竞价状态是否改变。

（2）执行操作，包括修改竞价状态，并调用 AuctionEnded 事件记录最终最高竞拍信息。

（3）与其他合约交互，主要是给竞价受益者发送最终报价金额。

如果将这几个阶段混合，其他的合约可能会回调当前合约并修改状态，或者会导致某些操作多次生效，如支付以太币。如果合约内调用的函数包含与外部合约的交互，那么该合约也会被认为是与外部合约有交互的。

```
function auctionEnd() external {
    // 1.检查条件
    // 竞拍周期结束，退出该函数，回退状态
    if (block.timestamp < auctionEndTime)
        revert AuctionNotYetEnded();

    // 竞拍状态已改变，退出该函数，回退状态
    if (ended)
        revert AuctionEndAlreadyCalled();

    // 2.执行操作
    // 修改竞拍状态
    ended = true;
    // 调用 AuctionEnded 事件记录最终最高竞拍信息
    emit AuctionEnded(highestBidder, highestBid);

    // 3.与其他合约交互
    // 给竞价受益者发送最终报价金额
    beneficiary.transfer(highestBid);
}
```

7.2.2　盲拍卖系统

盲拍卖，就是在拍卖期间别人无法知道竞拍者的报价，因此拍卖的所有报价都由竞拍者决定，不受他人影响。在一定程度上，盲拍卖更能体现商品的真实价值，因为它避免了真实拍卖中抬价的现象。

按照这种拍卖法就可能出现这种情况：对于特定拍卖品，A、B 是两个竞价者。

第一轮，A 喊 100 元真价，B 喊 150 元真价；

第二轮，A 喊 200 元真价，B 喊 300 元假价；

第三轮，A 喊 400 元假价，B 喊 500 元假价。

双方都不叫价后，卖品判给 A 所有。这样双方未能确定对方所出价格的真假，只能凭猜测出价，从而达到了"暗价"拍卖的效果。

将 7.2.1 节的公开拍卖系统扩展成为一个盲拍卖系统。盲拍卖中所有有资格的竞拍

者在规定时间内都可以报价，但是价格是不对外公开的，只有等竞拍到时间才会公布获胜者及报价金额，其余代币会返回给竞拍者。

具体来说，这个竞拍应分为 3 个阶段：竞拍期、公开期、竞拍结束。在竞拍期间，竞拍者向合约提供报价的同时，不向其他人暴露自己的报价，即发送一个哈希版本的报价（bytes32 blindedBid）。在公开期间，竞拍者公布自己的报价，合约检查报价的哈希值是否与竞拍期提供的哈希值相同，并决定最高报价。竞拍结束后，向卖方打款。这里强调一下，合约只约束了在竞拍期间的报价是被隐藏的，但这些报价在公开期不再隐藏。

此外，为防止竞拍者在赢得拍卖后不给钱，唯一的方法是让竞拍者把保证金和报价一起转出去，由于 ether 转账在以太坊中不能被加密，任何人都可以看到保证金，所以通过接收任何大于报价的保证金来解决这个问题。

由于只能在公开期进行检查，一些报价可能是无效的，并且是故意的，与高报价一起，它甚至提供了一个明确的标志来标识无效的报价。竞拍者可以通过放置几个高或低的无效报价来混淆竞争。

定义合约 BlindAuction，实现上述盲拍卖的过程：

```
contract BlindAuction {
    ...
}
```

下面分析合约 BlindAuction 中的状态变量和函数定义。

1. 竞拍信息结构类型 Bid

定义一个竞拍信息结构类型 Bid，包括此次竞拍的哈希版本的报价和随之一起发送的保证金。

```
struct Bid {
    bytes32 blindedBid;            // 哈希版本的报价
    uint deposit;                  // 保证金
}
```

2. 状态变量

定义状态变量，除在公开拍卖中定义的相关拍卖参数、当前拍卖状态变量及保存的最高报价信息映射之外，还增加了公开周期 revealEnd，以及竞拍者及其所有的报价信息的映射 bids。

```
address payable public beneficiary;      // 竞拍受益人
uint public biddingEnd;                  // 竞拍周期
uint public revealEnd;                   // 公开周期
bool public ended;                       // 竞拍状态，默认值为 false

// 一个竞拍者对应多个报价信息，用 bids 保存
mapping(address => Bid[]) public bids;

address public highestBidder;            // 最高报价者地址
```

```
uint public highestBid;                          // 最高报价

// 保存所有最高报价信息
mapping(address => uint) pendingReturns;
```

3. 事件

定义变更触发的事件，当竞拍结束后，会调用这个事件，将当前最高报价者记录到区块链中。然后设置竞拍周期的相应错误处理标识，包括竞拍周期未开始、已结束、正在进行等。

```
event AuctionEnded(address winner, uint highestBid);// 记录当前最高报价者
error TooEarly(uint time);                       // 竞拍还未开始
error TooLate(uint time);                        // 竞拍已结束
error AuctionEndAlreadyCalled();                 // 竞拍已进行
```

4. 判断当前时间是否在竞拍周期内

利用 modifier 定义 onlyBefore()函数和 onlyAfter()函数，分别用来判断当前时间是否错过竞拍周期。modifier 类似于一个可以通用的函数，供其他函数重复调用，减少代码量。使用 modifier 可以更便捷地校验函数的输入参数，"_;"可以放在 modifier 结构体内的任何位置来运行调用 modifier 函数的代码。

```
// 当前时间已错过竞拍周期
modifier onlyBefore(uint time) {
    if (block.timestamp >= time) revert TooLate(time);
    _;
}

// 竞拍还未开始
modifier onlyAfter(uint time) {
    if (block.timestamp <= time) revert TooEarly(time);
    _;
}
```

5. 定义构造函数

定义构造函数，用来初始化盲拍卖的竞拍受益人地址、竞拍周期、公开周期。

```
constructor(uint biddingTime,
        uint revealTime,
        address payable beneficiaryAddress) {
    beneficiary = beneficiaryAddress;            // 竞拍受益人地址
    biddingEnd = block.timestamp + biddingTime; // 竞拍周期
    revealEnd = biddingEnd + revealTime;         // 公开周期
}
```

6. 竞拍阶段

在竞拍周期内，即在 biddingEnd 时间戳以前，竞拍者各自调用 bid()函数秘密报价，并在交易中附带自己的保证金——以太币，这里保证金必须高于真实报价，否则在公开期视为无效。当调用 bid()函数后，保证金就已经转到合约账户上，只有在公开期才会归还。

在这里，竞拍者可以通过_blindedBid = keccak256(value, fake, secret)将竞拍信息生成哈希值，设置一个秘密竞拍。其中：value 表示真实的报价；fake 标识报价可以是真的或者假的，所以提出多个不同价格的报价（其中大部分报价是虚假的），用于迷惑对手；secret 是一个 bytes32 的秘密值，无实际含义。keccak256 将竞拍信息生成哈希值，可以令其他人无法确定自己的真实报价，但又能在公开期验证自己的报价。

规定在竞拍结束前，同一个地址可以放置多个报价，每次竞拍存入一个哈希值和保证金。

```
// 先判断当前时间是否在竞拍周期内，再将竞拍信息写入 bids
function bid(bytes32 blindedBid) external
    payable onlyBefore(biddingEnd){
// msg.sender 指调用该函数的地址，而不是调用整个合约的地址
bids[msg.sender].push(
    Bid({blindedBid: blindedBid, deposit: msg.value}));
}
```

7. 公开阶段

在公开周期内（即 biddingEnd 到 revealEnd），竞拍者各自调用 reveal()函数展示自己的报价，并且 reveal()函数会将确定失效的竞价返还给竞拍者。

具体来说，在公开阶段，合约不再接受任何新的报价，竞拍者需要公开自己的报价。此时，每个竞拍者以自己事先设置的 secret 参数调用 reveal()函数。验证有效的报价将会参与竞拍，如果报价的哈希值与竞拍期提供的哈希值不相同，则直接跳过，不为其退保证金。在哈希值一致的情况下，保证金充足，且大于当前的最高价，合约才会暂时扣留这笔款项，否则应当退保证金。也就是说，reveal()函数从多个真假竞拍信息中找出真的竞拍信息并进行转账。

calldata 用于存储函数参数，是不可修改、非持久的函数参数存储区域；values[]存储所有真假报价信息；fakes[]标记 values[]中对应信息的真假；secrets[]仅用于辅助计算加密信息，无实际意义。

require()函数中的判断条件为 true 则继续，为 false 则退出该函数，并回退该函数内所有更改。

```
function reveal(uint[] calldata values, bool[]
    calldata fake, bytes32[] calldata secret)
    external onlyAfter(biddingEnd) onlyBefore(revealEnd) {
    // 记录调用该函数的地址的竞拍次数
    uint length = bids[msg.sender].length;

    // 要求 values[]、fakes[]、secrets[]的长度均相等，否则退出该函数
```

```
        require(values.length == length);
        require(fake.length == length);
        require(secret.length == length);

        uint refund;                    // 用于保存真的报价信息

        // 遍历调用者的所有竞拍信息，可有多个真的报价信息
        for (uint i = 0; i < length; i++) {
            // 取出调用者的第 i 条竞拍信息
            Bid storage bid = bids[msg.sender][i];
            // calldata 类型数据只读，不能修改
            (uint value, bool fake, bytes32 secret)=(values[i], fakes[i],
secrets[i]);
            if (bid.blindedBid != keccak256(value, fake, secret)) {
                // 出价未能正确披露，不返还保证金
                continue;
            }

            // 找到真的报价信息，就将保证金取出
            refund += bid.deposit;

            // 若该条报价信息为真且该竞拍者的保证金足够支付，
            // 则调用 placeBid() 函数转账并置空 refund
            if (!fake && bid.deposit >= value) {
                if (placeBid(msg.sender, value))
                    refund -= value;
            }
            // 将此条报价标识置为 0x00，使竞价者不可能再次认领同一笔保证金
            bid.blindedBid = bytes32(0);
        }
        msg.sender.transfer(refund);
    }
```

placeBid()函数是 reveal 调用的 internal()函数，它只能在本合约或继承合约内被调用。placeBid()函数记录了最高价及其报价者，同时将非最高价的钱转移到 pendingReturn 中。

```
    function placeBid(address bidder, uint value)
        internal returns (bool success){
        if (value <= highestBid) {
            // 当前报价并非最高，竞价失败
            return false;
        }

        // 若竞拍者地址有效，则添加报价信息
        if (highestBidder != address(0)) {
            // 退回之前的最高出价
            pendingReturns[highestBidder] += highestBid;
```

```
    }
    highestBid = value;      // 重置最高报价
    highestBidder = bidder;  // 重置最高报价者地址
    return true;
}
```

在任何时候，竞拍者都可以调用 withdraw()函数取回自己在公开期间竞拍失败的保证金。但是，只有曾经报过最高价的竞拍者才有机会触动 pendingRuturns，否则他的保证金在 reveal 阶段就已经返还了。

```
function withdraw() external {
    uint amount = pendingReturns[msg.sender];
    if (amount > 0) {
        pendingReturns[msg.sender] = 0;
        msg.sender.transfer(amount);
    }
}
```

8. 竞拍结束

竞拍结束（即 revealEnd 时间戳以后），已确定胜出者。任何人可以调用 auctionEnd，将最高出价的代币发给受益者。

```
// 重置竞拍状态
function auctionEnd() external onlyAfter(revealEnd){
    // 竞价状态已改变，回退状态
    if (ended) revert AuctionEndAlreadyCalled();
    // 记录最高报价者、最高报价于日志上
    emit AuctionEnded(highestBidder, highestBid);
    ended = true;
    // 给竞拍受益人转账
    beneficiary.transfer(highestBid);
}
```

7.3　安全的远程购买合约

远程购买商品需要多方相互信任。最简单的情况是买方希望从卖方那里收到一件物品，卖方希望得到金钱作为回报。但是物品要通过快递进行投递，因此卖方无法保证物品能到达买方手中。

解决问题的思路是买家和卖家都必须将商品价格（value）的 2 倍作为保证金，放入合约中进行代管。由于无法确定货物是否到达买方，这笔保证金会被锁在合同中，直到买家确认收到了物品。交易成功后，买家得到的是 1 倍 value 和商品，而卖家得到的是 3 倍 value。这样双方都有解决问题的动机，否则他们的钱就永远锁定了。

定义合约 Purchase 实现上述过程。当然，这个合约不能严谨地解决问题，但它设计了如何在合约中使用类似状态机的结构。

```
contract Purchase {
    ...
}
```

7.3.1　主要的数据结构

定义几个状态变量，表示买卖双方的地址，以及商品及交易的状态。

```
uint public value;                    // 商品价值
address payable public seller;        // 卖家地址
address payable public buyer;         // 买家地址


// 定义枚举类型，用于标记交易状态
enum State { Created, Locked, Release, Inactive }
// 定义枚举类型变量，其默认值是 State.Created
State public state;
```

7.3.2　主要函数解析

1. 修改器函数

这里定义了几个修改器函数：condition()函数、onlyBuyer()函数、onlySeller()函数和 inState()函数。

```
modifier condition(bool condition_) {
    require(condition_);
    _;
}
modifier onlyBuyer() {
    require(msg.sender == buyer, "Only buyer can call this.");
    _;
}
modifier onlySeller() {
    require(msg.sender == seller, "Only seller can call this.");
    _;
}
modifier inState(State _state) {
    require (state == _state, "Invalid state." );
    _;
}
```

2. 错误函数

```
error ValueNotEven();        // 商品价格不为偶数，需中止交易
error OnlyBuyer();           // 只有买家可以调用这个函数
error OnlySeller();          // 只有卖家可以调用这个函数
error InvalidState();        // 当前状态下不能调用这个函数
```

3. 事件

```
event Aborted();                   // 标识中止交易状态
event PurchaseConfirmed();         // 标识交易发起
event ItemReceived();              // 标识交易确认
event SellerRefunded();            // 标识卖家退款事件
```

4. 卖方创建交易

卖方创建合约的构造函数 constructor()，将 2 倍 value 的以太币交给合约锁定。这里要确保交给合约锁定的以太币 msg.value 是一个偶数，通过(2 * value) != msg.value 是否为 true 来判断 msg.value 是否为偶数。

```
constructor() payable {
    seller = payable(msg.sender);
    value = msg.value / 2;
    if ((2 * value) != msg.value)
        // msg.value 必须是偶数
        revert ValueNotEven();
}
```

5. 卖方中止交易

合约被锁定之前，如果买方恶意不购买商品，卖方可以调用 abort()函数中止本次交易，并回收以太币。这里直接使用 transfer()函数进行转账，它是安全的可重入函数，因为它是 abort()函数中的最后一个调用，并且已经更改了状态。

```
function abort() external onlySeller inState(State.Created){
    emit Aborted();
    state = State.Inactive;
    // 退款给卖家
    seller.transfer(address(this).balance);
}
```

6. 买方发起交易

买家通过调用 confirmPurchase()函数发起交易，向合约质押 2 倍 value 的以太币。然后更改交易状态为 Locked，则以太币会被锁定，直到 confirmReceived()函数被调用。

```
function confirmPurchase() external inState(State.Created)
        condition(msg.value == (2 * value)) payable {
    emit PurchaseConfirmed();
    // 强制类型转换将 buyer 转换为 payable address 类型
    buyer = payable(msg.sender);
    state = State.Locked;
}
```

7. 买方确认交易

买家调用 confirmReceived()函数，确认已经收到商品。这时给买家释放被锁定的 1

倍 value 的以太币，并更改交易状态为 Release。

```
function confirmReceived() external onlyBuyer inState(State.Locked){
    emit ItemReceived();
    // 更改交易状态为 Release
    state = State.Release;
    buyer.transfer(value);
}
```

8. 合约交易退款

合约调用 refundSeller()函数，转给卖家一共 3 倍 value 的以太币，包括卖方保证金和商品购买款，并更改交易状态为 Inactive。

```
function refundSeller() external onlySeller inState(State.Release){
    emit SellerRefunded();
    state = State.Inactive;
    seller.transfer(3 * value);
}
```

7.4　微支付通道

如何在以太坊上实现一个微支付通道？可以通过使用密码签名技术，在相同的参与者之间进行安全的、重复的、免手续费的以太币转移。学习这个示例，需要先了解签名和验证签名，以及如何建立微支付通道。

假设 Alice 是付款人，Bob 是收款人，Alice 和 Bob 之间有多笔交易，每次都通过以太坊钱包转账，不仅要扣除手续费，而且以太坊的出块速度为 10~15s，会存在交易延迟。因此，相同的参与者之间存在多笔交易时，可以构建一个简单但完整的微支付通道，利用椭圆曲线签名算法实现安全、重复、免手续费地传输以太币。

具体来说，Alice 想发送一些以太币给 Bob，Alice 可以在调用合约时把以太币质押在合约中，然后通过自己的私钥签名来授权支付。接着在链下发送一条签名信息给Bob。Bob 通过把签名信息提交给合约来提取这笔款项。合约将验证签名信息的真实性，并发送以太币给 Bob。这样整个流程就只需要 2 次以太坊交易，节省了交易费，减少了时间延迟。

7.4.1　创建及验证签名

1. 创建签名

Alice 不需要和以太坊网络进行交互就可以完成签名，这个过程是完全离线的。在这个程序中，使用 Web3.js 和 MetaMask 在客户端浏览器里完成签名。

```
// 先计算一个哈希值
var hash = web3.utils.sha3("message to sign");
web3.eth.personal.sign(
```

```
       hash,
       web3.eth.defaultAccount,
       function() { console.log("Signed"); });
```

2. 签名内容

为了使合约能实现微支付功能，签名消息应包括收款人地址和发送金额，并防止重放攻击。所谓重放攻击，是指一个被授权的支付消息被重复使用。为了避免重放攻击，引入一个 nonce，以太坊链上交易也使用这个方式来防止重放攻击，它表示一个账号发送的交易数。智能合约将检查 nonce 是否被多次使用。

另外一种重放攻击可能发生的情形是，当所有者部署了 ReceiverPays 合约后，支付了一些款项，然后销毁合约。随后再次部署 ReceiverPays 合约，但新合约不知道先前部署合约的 nonce，所以攻击者可以再次利用先前的支付信息。

Alice 可以通过在消息中包含合同地址来防止这种攻击，并且只接收包含合约地址的消息。在 claimPayment()函数的前两行可以看到这样的示例。

3. 打包参数

前面已经确定了要在签名消息中包含哪些信息，现在将这些信息合并在一起，计算其哈希值并签名。为了简单起见，先将这些数据连接起来。etherumjs-abi 库提供了 soliditySHA3 的模拟函数，类似于 Solidity 的 keccak256 函数，该函数应用于使用 abi.encodePacked 编码的参数。

下面是一个 JavaScript 编写的函数 signPayment()，它为 ReceiverPays 合约创建签名。signPayment()函数有以下几个参数：recipient 表示接收付款的地址；amount 指定发送以太币的数量，单位为 Wei；nonce 是防止重放攻击的唯一的数字；contractAddress 用于防止跨合约重放攻击。

```
function signPayment(recipient, amount, nonce, contractAddress, callback){
    var hash = "0x" + abi.soliditySHA3(
        ["address", "uint256", "uint256", "address"],
        [recipient, amount, nonce, contractAddress]).toString("hex");

    web3.eth.personal.sign(hash, web3.eth.defaultAccount, callback);
}
```

4. 验证签名

首先在 Solidity 中恢复消息签名者地址。通常，椭圆曲线数字签名算法（ECDSA）包含两个参数：r 和 s，在以太坊中签名包含第三个参数 v，它可以用于验证哪个账号的私钥签署了这个消息。Solidity 语言提供了一个内置函数 ecrecover()，它接收消息及 r、s 和 v 参数，并返回用于签名消息的地址。

然后提取签名参数 r、s 和 v。使用 Web3.js 签名的数据，r、s 和 v 是连接在一起的，因此要把各部分分离出来，这个工作在 splitSignature()函数里使用内联汇编来完成。

最后计算消息哈希值。合约要确切地知道哪些参数被签名了，以便它可以从参数中重建信息，并将其用于签名验证。在 claimPayment 中调用 prefixed()函数和 recoverSigner()函数完成这个工作。

以太坊有两种信息要传递：一种是交易，另一种是消息。对这两种信息加密调用的函数不同，但同样的输入可能会有同样的输出，为避免这种碰撞，即两种编码得到的结果相同，选择在对消息加密时添加前缀，这个工作由 prefixed()函数完成。

下面是 ReceiverPays 合约的完整代码。

```solidity
pragma solidity >=0.7.0 <0.9.0;

contract ReceiverPays {
    // 存储调用合约者的地址
    address owner = msg.sender;

    // 记录 nonce 的使用情况，标识 nonce 的唯一性
    mapping(uint256 => bool) usedNonces;

    constructor() payable {}

    function claimPayment(uint256 amount, uint256 nonce,
                        bytes memory signature) external {
        // 判断当前传入的 nonce 是否被使用过
        require(!usedNonces[nonce]);
        usedNonces[nonce] = true;

        // 对信息 message 进行椭圆曲线加密
        bytes32 message = prefixed(keccak256(abi.encodePacked(
                msg.sender, amount, nonce, this)));
        // 验证签名 signature 是否和加密消息 message 所返回的公钥地址相同
        // 即验证签名的正确性
        require(recoverSigner(message, signature) == owner);
        // 签名正确性验证通过后转账
        payable(msg.sender).transfer(amount);
    }

    // 销毁当前合约，将其资金发送到给定地址
    function kill() external {
        require(msg.sender == owner);
        selfdestruct(payable(msg.sender));
    }

    // 分离签名信息的 v、r、s 参数
    function splitSignature(bytes memory sig) internal pure
        returns (uint8 v, bytes32 r, bytes32 s){
        require(sig.length == 65);
```

```
        assembly {
            r := mload(add(sig, 32))
            s := mload(add(sig, 64))
            v := byte(0, mload(add(sig, 96)))
        }
        return (v, r, s);
    }

    // 从椭圆曲线签名中恢复与公钥关联的地址，错误返回零
    function recoverSigner(bytes32 message, bytes memory sig)
            internal pure returns (address){
        (uint8 v, bytes32 r, bytes32 s) = splitSignature(sig);

        return ecrecover(message, v, r, s);
    }

    // 添加前缀
    function prefixed(bytes32 hash) internal pure returns (bytes32) {
        return keccak256(abi.encodePacked(
            "\x19Ethereum Signed Message:\n32", hash));
    }
}
```

7.4.2　简单的支付通道

在了解如何创建和验证签名之后，下面讨论两方（Alice 和 Bob）之间的简单单向支付通道。它涉及以下三个步骤：

（1）Alice 用以太币为智能合约提供资金。这"打开"了支付通道。

（2）Alice 对消息进行签名，指定应该支付给 Bob 的以太币金额。每次付款都重复此步骤。

（3）Bob "关闭"支付通道，提取他的部分以太币，并将剩余部分返还给 Alice。

这里值得注意的是，只有第（1）步和第（3）步需要以太坊交易，第（2）步 Alice 通过链下方法（如电子邮件）向 Bob 发送加密签名的消息。这意味着只需要两笔交易即可支持任意数量的转账。

此外，智能合约设计了有效期，即使 Bob 拒绝关闭支付通道，Alice 也可以保证最终收回她的资金。Alice 可以设置或更改合约有效期。

1. 打开支付通道

Alice 通过部署 SimplePaymentChannel 智能合约，打开支付通道，将以太币进行托管，并指定预期的以太币收款者及支付通道的有效期。

2. 进行支付

Alice 通过向 Bob 发送签名消息来付款。此步骤完全在以太坊网络之外执行。消息由发送方加密签名，然后直接发送给接收方。每条消息都包含智能合约的地址，用于防

止跨合约重放攻击。

在一系列转账结束时，支付通道仅关闭一次。因此，发送的消息中只有一条被兑换。这就是为什么每条消息都指定了所要支付的以太币的累计总额，而不是单个小额支付的金额。收款人自然会选择兑换最近的消息，因为这是总额最高的邮件。因为智能合约只支持单个消息，索引不再需要每个消息的 nonce。智能合约的地址仍然用于防止一个支付通道的消息被用于另一个通道。

以下是修改后的 JavaScript 代码，用于对上一节中的消息进行加密签名：

```
function constructPaymentMessage(contractAddress, amount) {
    return abi.soliditySHA3(
        ["address", "uint256"],
        [contractAddress, amount]
    );
}


function signMessage(message, callback) {
    web3.eth.personal.sign(
        "0x" + message.toString("hex"),
        web3.eth.defaultAccount,
        callback
    );
}

// contractAddress 用于防止跨合约重放攻击
// amount，单位为 Wei，指定应发送多少以太币
function signPayment(contractAddress, amount, callback) {
    var message = constructPaymentMessage(contractAddress, amount);
    signMessage(message, callback);
}
```

3. 关闭支付通道

支付通道仅关闭一次，每条消息都指定了累积的以太币支付总额，只有最新发送的消息被兑换。当 Bob 准备好接收以太币时，需通过调用智能合约上的 close() 函数来关闭支付通道，且只有 Bob 可以调用 close() 函数，他关闭支付通道的同时会传递最新的支付消息，因为该消息携带最高的支付总额，该函数向 Bob 支付应得的以太币，并向 Alice 返还剩余的以太币，然后销毁合约。

要关闭支付通道，Bob 需要提供由 Alice 签名的消息，智能合约必须验证消息是否包含付款人的有效签名。如果付款人允许调用这个功能，他们可能会提供一个较低金额的消息，以骗取收款人的款项。

Solidity 的 isValidSignature() 函数和 recoverSigner() 函数的工作方式与 JavaScript 对应函数相同。close() 函数验证签名消息是否与给定参数匹配。如果一切正常，将会发送一部分以太币给收款者，其余部分通过 selfdestruct 发送。

4. 通道有效期

收款者 Bob 可以随时关闭支付通道，但如果他未能做到，付款者 Alice 需要一种方法来收回她的托管资金。一个方法是在合约部署时设置合约有效期，一旦到达有效期，Alice 就可以调用 claimTimeout()函数收回她的资金。调用 claimTimeout()函数后，Bob 无法再接收任何以太币，因此，Bob 必须在有效期到达之前关闭通道。

下面是 SimplePaymentChannel 合约的完整代码。

```solidity
pragma solidity >=0.7.0 <0.9.0;
contract SimplePaymentChannel {
    address payable public sender;              // 付款人地址
    address payable public recipient;           // 收款人地址

    // 存储合约到期时间，防止收件人一直不关闭合约，占用发件人的以太币资源
    uint256 public expiration;

    // 初始化发件人地址、收件人地址、合约有效时间
    constructor (address payable recipientAddress,
            uint256 duration) public payable{
        sender = payable(msg.sender);
        recipient = recipientAddress;
        expiration = block.timestamp + duration;
}

    // 销毁合约，只有收件人能销毁合约
    function close(uint256 amount, bytes memory signature) external {
        // 判断调用该函数地址的是否为收件人
        require(msg.sender == recipient);
        // 判断收件人是否掌握正确的发件人消息签名
        require(isValidSignature(amount, signature));

        // 把应得的以太币发送给收件人，谁调用 transfer()函数，就给谁转账
        recipient.transfer(amount);
        // 销毁当前合约，将合约剩余资金发送到给定地址 sender
        selfdestruct(sender);
    }

    // 合约有效期续期，仅有发件人可以调用
    function extend(uint256 newExpiration) external {
        // 判断调用者是否为发件人
        require(msg.sender == sender);
        // 判断新的有效期是否大于当前有效期
        require(newExpiration > expiration);

        expiration = newExpiration;                // 重置合约有效期
    }
```

```
    // 判断当前合约是否在有效期内
    function claimTimeout() external {
        // 判断当前合约是否过期，若过期，则销毁合约
        require(block.timestamp >= expiration);
        // 销毁合约
        selfdestruct(sender);
    }


    function isValidSignature(uint256 amount,bytes memory signature)
            internal view returns(bool){
        // 根据当前地址 this 和转账金额 amount 为消息 message 进行双重加密
        bytes32 message = prefixed(keccak256(
            abi.encodePacked(this, amount)));
        // 检查签名是否来自付款人
        return recoverSigner(message, signature) == sender;
}


    function splitSignature(bytes memory sig)
            internal pure returns (uint8 v, bytes32 r, bytes32 s){
        require(sig.length == 65);
        assembly {
            r := mload(add(sig, 32))
            s := mload(add(sig, 64))
            v := byte(0, mload(add(sig, 96)))
        }

        return (v, r, s);
    }

    function recoverSigner(bytes32 message, bytes memory sig)
            internal pure returns (address){
        (uint8 v, bytes32 r, bytes32 s) = splitSignature(sig);
        return ecrecover(message, v, r, s);
    }

    function prefixed(bytes32 hash) internal pure returns (bytes32) {
        return keccak256(abi.encodePacked(
            "\x19Ethereum Signed Message:\n32", hash));
    }
}
```

7.4.3　验证支付

　　与 7.4.2 节关闭支付通道中只验证最后一条累计付款消息不同，支付通道中的消息不是马上兑现的。收款人会跟踪最新消息，并在关闭支付通道时兑现。这意味着收款人

必须对每条消息进行验证，否则无法保证收款人最终能获得款项。

收款人通过以下过程对每条消息进行验证：

（1）验证消息中的合约地址是否与支付通道相匹配。

（2）验证新的支付总额是否为预期金额。

（3）确认新的支付总额不超过托管的以太币金额。

（4）验证签名是否有效并来自支付通道的付款方。

使用 ethereumjs-util 库来编写验证过程，虽然实现的方式很多，但这里使用 JavaScript，下面的代码借用了上面签名 JavaScript 代码中的 constructMessage()函数：

```
function prefixed(hash) {
    return ethereumjs.abi.soliditySHA3(["string", "bytes32"],
            ["\x19Ethereum Signed Message:\n32", hash] );
}

function recoverSigner(message, signature) {
    var split = ethereumjs.Util.fromRpcSig(signature);
    var publicKey = ethereumjs.Util.ecrecover(
        message, split.v, split.r, split.s);
    var signer = ethereumjs.Util.pubToAddress(publicKey).
        toString("hex");
    return signer;
}

function isValidSignature(contractAddress, amount,
        signature, expectedSigner) {
    var message = prefixed(constructPaymentMessage(
        contractAddress, amount));
    var signer = recoverSigner(message, signature);
    return signer.toLowerCase() ==
        ethereumjs.Util.stripHexPrefix(expectedSigner).toLowerCase();
}
```

本章智能合约实例选自 https://docs.soliditylang.org/en/develop/，完整的源程序请读者自行查阅。

参 考 文 献

安庆文，2017．基于区块链的去中心化交易关键技术研究及应用[D]．上海：东华大学．

蔡晓晴，邓尧，张亮，等，2021．区块链原理及其核心技术[J]．计算机学报，44（1）：84-131．

范吉立，李晓华，聂铁铮，等，2019．区块链系统中智能合约技术综述[J]．计算机科学，46（11）：1-10．

傅丽玉，陆歌皓，吴义明，等，2022．区块链技术的研究及其发展综述[J]．计算机科学，49（S1）：447-461，666．

郭上铜，王瑞锦，张凤荔，2021．区块链技术原理与应用综述[J]．计算机科学，48（2）：271-281．

贺海武，延安，陈泽华，2018．基于区块链的智能合约技术与应用综述[J]．计算机研究与发展，55（11）：2452-2466．

刘明熹，甘国华，程郁琨，等，2020．区块链共识机制的发展现状与展望[J]．运筹学学报，24（1）：23-39．

刘琴，王德军，王潇潇，等，2021．法律合约与智能合约一致性综述[J]．计算机应用研究，38（1）：1-8．

刘懿中，刘建伟，张宗洋，等，2019．区块链共识机制研究综述[J]．密码学报，6（4）：38．

欧阳丽炜，王帅，袁勇，等，2019．智能合约：架构及进展[J]．自动化学报，45（3）：445-457．

邵奇峰，金澈清，张召，等，2018．区块链技术：架构及进展[J]．计算机学报，41（5）：969-988．

沈鑫，裴庆祺，刘雪峰，2016．区块链技术综述[J]．网络与信息安全学报，2（11）：11-20．

谭敏生，杨杰，丁琳，等，2020．区块链共识机制综述[J]．计算机工程，46（12）：1-11．

王健，陈恭亮，2018．比特币区块链分叉研究[J]．通信技术，51（1）：149-155．

卫霞，白国柱，张文俊，等．智能合约平台安全风险分析及应对研究[J/OL]．（2022-09-15）[2022-10-07]．世界科技研究与发展．DOI:10.16507/j.issn.1006-6055.2022.07.003．

熊伟，2021．基于区块链的大数据交易智能合约建模及其应用研究[D]．上海：上海大学．

徐丽，2020．联盟链与公有链结合环境下的区块链共识机制关键技术研究[D]．南京：东南大学．

袁勇，倪晓春，曾帅，等，2018．区块链共识算法的发展现状与展望[J]．自动化学报，44（11）：2011-2022．

曾诗钦，霍如，黄韬，等，2020．区块链技术研究综述：原理、进展与应用[J]．通信学报，41（1）：134-151．

张潆藜，马佳利，刘子昂，等，2022．以太坊 Solidity 智能合约漏洞检测方法综述[J]．计算机科学，49（3）：52-61．

郑敏，王虹，刘洪，等，2019．区块链共识算法研究综述[J]．信息网络安全（7）：8-24．

朱娟，金德强，莫思泉，2010．Merkle 树遍历技术的研究[J]．微计算机信息，26（3）：182-183．

Solidity. https://docs.soliditylang.org/en/develop/.